国家出版基金项目
NATIONAL PUBLICATION FOUNDATION

U0664343

中央宣传部 2022 年主题出版重点出版物

林业草原国家公园融合发展

辉煌成就

傅光华 | 主编

中国林业出版社
China Forestry Publishing House

图书在版编目（CIP）数据

林业草原国家公园融合发展. 辉煌成就/傅光华主
编. --北京：中国林业出版社，2023.10
中央宣传部2022年主题出版重点出版物
ISBN 978-7-5219-2107-6

Ⅰ.①林…　Ⅱ.①傅…　Ⅲ.①国家公园—建设—研究
—中国　Ⅳ.①S759.992

中国国家版本馆 CIP 数据核字（2023）第 004034 号

策　　　划：刘先银　杨长峰
策划编辑：许　玮
责任编辑：许　玮
封面设计：北京大汉方圆数字文化传媒有限公司

────────────────

出版发行：中国林业出版社
　　　　　（100009，北京市西城区刘海胡同 7 号，电话 83143576）
电子邮箱：cfphzbs@163.com
网址：https://www.cfph.net
印刷：北京中科印刷有限公司
版次：2023 年 10 月第 1 版
印次：2023 年 10 月第 1 次
开本：787mm×1092mm　1/16
印张：13
字数：233 千字
定价：79.00 元

中央宣传部 2022 年主题出版重点出版物

林业草原国家公园融合发展

辉煌成就

编委会

主　编

傅光华

编写人员

唐景全　彭华福　傅光华　陈建成　胡理乐

宋　平　刘先银　费世民　王　成　刘　俊

前言

　　本书集成了生态文明建设领域专家的研究成果，总结了林业草原国家公园融合发展取得的巨大成效。本书以中华人民共和国成立后林业和草原建设和发展重大成就为主轴，以党的十八大以来林业草原国家公园三位一体融合发展辉煌成就为重点，通过重大生态工程建设、林草业改革攻坚及生态文明建设实现新突破、生态修复在黄河流域先行先试、绿色牵引模式加快传统产业改造升级，展示林业草原国家公园融合发展取得的巨大成效；通过林业草原国家公园融合发展的名片效应、工程效应、示范效应，展示林业草原国家公园融合发展取得的综合效应；以决胜全面建成小康社会：绿色生态转化、森林城市：中国城市生态建设的创新实践、融合发展对生态文明建设的贡献，展示林业草原国家公园融合发展的绿色生态转化成效，全方位展示了在习近平生态文明思想指引下，林业草原国家公园融合发展的伟大工程、辉煌成就。

　　党的十八大以来，我国森林面积达 34.60 亿亩[①]，居世界第五位，森林蓄积量 194.93 亿立方米，居世界第六位，人工林保存面积 13.14 亿亩，居世界第一位，累计完成造林 9.61 亿亩，森林覆盖率达到 24.02%。我国草地面积 39.68 亿亩，居世界第二位，累计完成种草改良 1.651 亿亩，草原综合植被盖度达到 50.32%。中国林草交出一份沉甸甸的绿色答卷。

　　这十年，"三北"防护林工程集中建设了 15 个百万亩防护林基地。实行草原禁牧和草畜平衡制度，让广袤的草原得到了休养生息。湿地保有面积 850 亿亩，居世界第四位，新增和修复湿地 1200 多万

---

　　① 1 亩 =1/15 公顷，以下同。

亩。累计完成防沙治沙任务 2.78 亿亩，全国荒漠化、沙化、石漠化土地面积比 10 年前分别减少 7500 万亩、6488 万亩、7895 万亩，可治理沙化土地治理率达到 53%。协同推进林草产业加快传统产业智能化和绿色化改造，一、二、三产和三生（生态、生活、生产）融合发展取得了长足的进步，2021 年全国林业产业总产值超过 8 万亿元，油茶面积达到 6800 万亩，带动近 200 万贫困人口增收致富，在全国选聘建档立卡贫困人口生态护林员 110.2 万名，组建了 2.3 万个造林种草合作社，带动 2000 多万贫困人口脱贫增收。我国林草总碳储量达到 114.43 亿吨，居世界前列，林草碳汇成为新亮点。

这绿镶嵌在崇山峻岭之间，绘就在江河湖海之边，挥洒在辽阔草原之上，也扎根在亿万人民心中。这绿助推着高质量发展，创造着高品质生活。中国正式设立三江源、大熊猫、东北虎豹、海南热带雨林、武夷山首批 5 个国家公园，保护面积达 23 万平方千米，在北京设立了国家植物园、在广州设立了华南国家植物园，我国正在建设全世界最大的国家公园体系。全面推行林长制，省市县乡村五级林长近 120 万名，全国有 421 名省级领导干部担任林长，建成了林草生态网络感知系统，森林火灾受害率和草原火灾受害率分别稳定在 0.9‰ 和 3‰ 以下，远低于世界平均受害率。在青藏高原、黄河流域、长江流域等重要生态区位，实施 66 个林草区域性系统治理项目和 40 个国土绿化试点示范项目。全面实施天然林资源保护工程，25.78 亿亩天然林得以休养生息。两轮累计退耕还林还草 5.2 亿亩，陕西的绿色版图向北延伸 400 千米。

34.6 亿亩森林、39.68 亿亩草地，这 70 多亿亩的森林和草地，覆盖中国一半以上的国土。这是中国的生态家底。这绿色，是中国林业和草原献给美丽中国的亮丽底色，也是我们奔向人与自然和谐共生现代化的厚重基色。

编 者

2022 年 10 月

目录

第一章

林业草原国家公园融合发展取得巨大成效

第一节　重大生态工程取得巨大成效

1998 年我国"三江"（长江、嫩江、松花江）流域发生了特大洪灾。此次灾害持续时间长、影响范围广、灾情特别严重，可谓百年不遇。据国家相关部门统计，全国共有 29 个省（自治区、直辖市）遭受不同程度的洪涝灾害，农田受灾面积 2229 万公顷，死亡 4150 人，倒塌房屋 685 万间，直接经济损失 2551 亿元。

然而，这次洪灾也有积极意义，可以说，1998 年洪灾促使中央对生态重新认识，引发了我国社会主义体制能办大事的潜能，以举国之力实施了一系列特大型生态工程，从此迎来了中国生态建设史的大转折，标志着一个全新历程的开始，本书将其定位于中国区域性宏观生态退化趋势线转向的转折点。待到 50~100 年后，在西部生态重获新生、远古时代的草丰林茂重现、黄河流域中华经济文化繁荣景象再现时，再回顾 1998 年这个时点，就会明白其历史地位之重要。

洪灾引发了党和政府对生态环境保护及林业在生态发展中主战场作用的深入思考。时任国务院总理朱镕基在视察防汛工作时指出："洪水长期居高不下，造成严重损失，也与森林过度采伐、植被破坏、水土流失、泥沙淤积、行洪不畅有关。"在灾情还未结束时，国务院就下发了《关于保护森林资源制止毁林开垦和乱占林地的通知》，强调："必须正确处理好森林资源保护和开发利用的关系，正确处理好近期效益和远期效益的关系，绝不能以破坏森林资源，牺牲生态环境为代价来换取短期的经济增长。"在此基础上，党和政府又出台了多项政策，如《国务院办公厅关于进一步加强自然保护区管理工作的通知》（1998）、《中共中央关于农业和农村工作若干重大问题的决定》（1998）等。在这些政策中，党和政府反复强调保护和发展森林资源的重要性、迫切性。

同时，党和政府果断采取措施，充分发挥能集中资源办大事的体制优势，相继启动了退耕还林还草、天然林资源保护、长江中下游地区重点防护林体系建设、京津风沙源治理、野生动植物保护及自然保护区建设、重点地区速生丰产用材林建设等工程。大型林业重点生态工程的实施，标志着我国林业

绿色林海（孙阁 摄）

以生产为主向以生态建设为主转变，也是我国转变发展方式、构建全新生态观的示范工程。这些工程都是史无前例的重大生态工程，国家和地方财政投入约 20 万亿元，带动社会投入约 23 万亿元，促成了几千年来全国性生态退化趋势线的反转，充分诠释了制度优越性，为生态文明观的形成和发展奠定了实践基础。

一、退耕还林还草工程

退耕还林还草工程实施的背景是 1998 年特大洪水灾害，让中央下定决心调整发展方式的一系列措施之一。在林草业多项重点生态修复工程中，作者特别关注退耕还林还草工程，作为一名长期在林草行业摸爬滚打的务林人，对林草产业和生态具有较为深刻的理解，结合中华历史上人口和经济发展中心区域迁移与生态环境变化的高度耦合性的认知，更加理解退耕还林还草工程的历史意义。

在有史可追溯的漫长历史进程中，中华民族始终是以农耕为主流的社会结构，土地是财富的象征和追求的目标。随着人口的增加，领地的扩展，扩耕、开荒造地造田成为必然的选择，尽管不否认局部范围的退耕曾尝试过多次，但把退耕还林还草作为一种国策和发展方式的国家行为，是到 1998 年末才出现的。1999 年的退耕还林还草决策开启的是一种逆传统的发展模式，是历史的巨变。通过国家出钱出粮赎买的方式对 25° 以上的坡耕地和生态敏感区、脆弱区的耕地进行还林还草，工程之大、范围之广、投入之多，在世界历史上都没有先例，是中华民族 5000 年农业发展的转折点，是发展方向的战略性调整，拉长时间轴去观察，其对整个国家发展和区域布局的影响将是长期性和颠覆性的。

之所以说此次退耕还林还草是发展趋势和方向的转变，就是因为这种变化是历史性的，是国运所致，看似偶然（1998 年洪灾引起 [①]），实则必然。新中国成立后，国家在退耕还林上是做过探索和实践的，1957 年 5 月国务院第二十四次全体会议通过的《中华人民共和国水土保持暂行纲要》规定："原有陡坡耕地在规定坡度以上的……若是人少地多地区，应该在平缓和缓坡地增加单位面积产量的基础上，逐年停耕，进行造林种草。"四川省 1980—1982 年拿出 3.9 亿千克粮食补贴指标，用于坡耕地退耕还林。20 世纪 80 至 90 年代，以内蒙古乌兰察布盟、云南会泽县、陕西吴起县、宁夏西吉县等为代表的西部各地纷纷开展了退耕还林的探索和实践，有成功的经验，也有失败的教训，其中内蒙古乌兰察布盟实施的"进退还"战略最为成功。然而，由于当时我国农业生产力低下，粮食紧缺，十多亿人口的吃饭问题尚未根本解决，退耕还林的设想最终由于缺乏有力的政策支持（实际上是生产力水平尚未达到突破的临界点）而无法大规模推广实施。

决定耕地规模的是人口数量，实际上是人口对粮食的总需求量，而粮食总量取决于耕地数量和耕地生产力水平。其实，新中国成立后我国人口总数没有减少，一直处于大幅增长之中，1998 年末总人口为 124810 万，粮食总需求量也相应大幅增加，但是，经过新中国成立后几十年的发展，科技水平大幅提升了，单位面积耕地的生产力大幅提高了，国家也具备了财政投入能力，在保障粮食总需求的前提下，具备了把那些产出力较低、耕作条件较差、

[①] 1998 年"三江"（长江、嫩江、松花江）流域发生了特大洪灾，全国共有 29 个省（直辖市、自治区）受灾，农田受灾面积 2229 万公顷，死亡 4150 人，倒塌房屋 685 万间，直接经济损失 2551 亿元。这次灾害引起党和政府对发展方式的反思，实施了一系列特大生态工程。

生态价值更高的耕地退出去的条件。这也是当代与历代的主要区别所在，正是由于新中国的综合国力提升和领导层生态觉悟加上其为政的担当与作为，才具备解决制约历朝历代发展的粮食安全和耕地底线问题，实现发展方式的伟大转变。

退耕还林还草工程建设范围包括北京、天津、河北、山西、内蒙古、辽宁、吉林、黑龙江、安徽、江西、河南、湖北、湖南、广西、海南、重庆、四川、贵州、云南、西藏、陕西、甘肃、青海、宁夏、新疆 25 个省（自治区、直辖市）和新疆生产建设兵团，共 1897 个县（市、区、旗）。

退耕还林还草工程分两期实施。第一轮退耕还林工程实施期 1999—2015 年，实施面积 2982 万公顷（折合 44728.7 万亩），其中退耕地造林 926 万公顷（折合 13896.2 万亩），荒山荒地造林 1746 万公顷（折合 26182.5 万亩），封山育林 310 万公顷（折合 4650 万亩）。工程总投入 4071.97 亿元，其中中央预算内投入 283.30 亿元，财政专项资金 3788.66 亿元。第二轮退耕还林还

皖南秋色（晋翠萍 摄）

草工程主要是落实《中共中央 国务院关于全面深化农村改革加快推进农业现代化的若干意见》要求，"从 2014 年开始，继续在陡坡耕地、严重沙化耕地、重要水源地实施退耕还林还草"，中共中央、国务院印发的《生态文明体制改革总体方案》提出，"建立耕地草原河湖休养生息制度。编制耕地、草原、河湖休养生息规划，调整严重污染和地下水严重超采地区的耕地用途，逐步将 25° 以上不适宜耕种且有损生态的陡坡地退出基本农田。建立巩固退耕还林还草、退牧还草成果长效机制"等精神，范围为 25° 以上坡耕地、严重沙化耕地和重要水源地 15~25° 坡耕地。对已划入基本农田的 25° 以上坡耕地，要本着实事求是的原则，在确保省域内规划基本农田保护面积不减少的前提下，依法定程序调整为非基本农田后，方可纳入退耕还林还草范围。

两轮退耕还林还草工程实施后，已实施退耕还林还草 3333 多万公顷（折合 5 亿多亩），总投资超过 5000 亿元。增加林地面积 3347 万公顷（折合 5.02 亿亩），占人工林面积的 42.5%；增加草地面积 33 万公顷（折合 502.61 万亩），占人工草地面积的 2.2%。

经过两轮工程的实施，累计退耕还林还草 5.2 亿亩。退耕还林还草工程的实施，改变了农民祖祖辈辈垦荒种粮的传统耕作习惯，实现了由毁林开垦向退耕还林的历史性转变，有效地改善了生态状况，促进了"三农"问题的解决和乡村振兴，增加了森林碳汇。

二、天然林资源保护工程

国有林区普遍面临严重的"两危"（森林资源危机、林区经济危困）局面，在森工企业倒闭、企业人员下岗、林区员工开不出工资、社会问题集中爆发的关键时期，发生了 1998 年特大洪水，在这一历史背景下，党中央、国务院决定转变发展方式，在林业生态领域启动天然林资源保护工程（以下简称"天保工程"），当年即启动试点工作。天保工程成为我国林业以木材生产为主向以生态建设为主转变的重要标志，也是人类历史上实施成效最为显著、综合效益最大的生态工程之一。

天保工程涉及长江上游、黄河上中游、东北内蒙古等重点国有林区 17 个省（自治区）的 734 个县和 163 个森工局。长江上游地区以三峡库区为界，包括云南、四川、贵州、重庆、湖北、西藏 6 个省（自治区、直辖市），黄河上中游地区以小浪底库区为界，包括陕西、甘肃、青海、宁夏、内蒙古、山西、河南 7 个省（自治区）；东北内蒙古等重点国有林区包括吉林、黑龙江、内蒙古、海南、新疆 5 个省（自治区）。二期工程在延续一期范围的基础上，增加了丹江口库区的 11 个县。

一期工程建设年限为 2000—2010 年，实际累计投入人民币 1186 亿元（其中中央财政投入 1119 亿元，地方配套 67 亿元）；二期工程建设年限为 2011—2020 年，规划投入 2440.2 亿元（其中中央财政投入 1936 亿元，中央基本建设投资 259.2 亿元，地方财政投入 245 亿元）。工程建设内容主要包括停止天然商品林采伐、森林管护、公益林建设、森林经营、保障和改善林区民生。

大兴安岭之秋（刘俊 摄）

截至 2021 年，我国现有天然林 1.98 亿公顷，天然林蓄积量 136.7 亿立方米，分别占全国森林面积和森林蓄积量的 64%、80%，在维护自然生态平衡和国土安全方面处于无法替代的主体地位。国家累计投入 5000 多亿元，1.3 亿公顷天然乔木林得到严格管护，工程区完成公益林建设 2000 万公顷、后备森林资源培育 110 万公顷、森林抚育 1820 万公顷。

天保工程的实施，是我国林业从以木材生产为主向以生态建设为主转变的历史性标志，是我国生态林业民生发展的重要载体，是增加森林碳汇、应对气候变化的重要战略举措。工程建设取得了显著成效，发挥了巨大的生态、经济及社会效益。

工程区森林面积、蓄积量实现双增长。天保工程一期结束时，累计少砍木材 2.2 亿立方米，森林覆盖率增加 3.7 个百分点，森林蓄积量净增加约 7.25 亿立方米，仅按 63% 的出材率算，折合经济价值为 3654 亿元，为工程总投入的 3.08 倍。天保工程二期的继续巩固实施，为实现森林资源面积、蓄积量的双增长提供了有力保障。据全国森林资源清查结果显示，1998—2013 年，在天保工程区林地面积只占全国林地面积 42.8% 的情况下，天保工程区天然林面积增加了 333 万公顷，占全国的 57.1%；天保工程区天然林蓄积量增加了 11.09 亿立方米，占全国的 54.6%。天保工程区的天然林面积、蓄积量增速明显高于全国平均水平。

工程区生态环境不断改善。天保工程使我国森林资源得以休养生息，森林植被逐步恢复，水源涵养功能明显增强，水土流失面积逐年减少。据中国长江三峡集团公司提供的数据分析，库区的泥沙沉积量正以每年 1% 的速度递减，长江的浑水期由天保工程实施前的 300 天降至 2016 年的 150 天。作为全省纳入天保工程的四川省，2013 年水利普查数据与 2003 年对比，水土流失面积减少了 10.03 万平方千米，年土壤侵蚀量减少了 7700 万吨。青海省三江源地区生态恶化趋势得到缓解，黑河流域、东部黄土丘陵区的生态状况明显改善。

生物多样性得到有效保护。随着野生动植物生存环境的改善，生物物种及生态系统的多样性得到有效保护。全国天保工程区近千个县（局）级实施单位中，包括 130 多处国家级自然保护区、260 多处国家级森林公园，其中有不少是生物多样性保护的关键地区和热点地区。天保工程区内珙桐、苏铁、红豆杉等国家重点保护野生植物数量明显增加。东北林区有野生东北虎频繁出现；全国天保工程区许多地方已消失多年的狼、狐狸、金钱豹、鹰、梅花鹿、锦鸡等飞禽走兽重新出现。

天保工程区职工就业情况继续向好。天保工程二期为林区提供就业岗位约 65 万个，就业模式逐步转变为以生态保护和建设为主的多元化就业格局。20 多万名森工企业、国有林场富余职工转岗到森林管护和公益林建设，长江、黄河流域天保工程区通过森林管护、营造林生产等项目带动当地数十万个林农就近就业。新疆生产建设兵团通过天保工程安置富余职工就业，对维护边境社会稳定，履行屯垦戍边历史使命，实现屯垦强边、维稳固边，具有重大长远的意义。

天保工程区民生得到较大改善。天保工程 5 项社会保险补贴政策的落实，有效解决了在册职工的社会保障问题，基本解除了职工的后顾之忧；一次性安置职工两险补贴政策的落实，缓解了林区就业困难群体的生活困难问题；棚户区改造政策的落实，加快了林区社会城镇化速度，有效改善了林区职工的生活和居住环境；林区经济转型的发展壮大，拓宽了职工群众的致富途径。2014 年天保工程区林业在岗职工人均年工资达到 30940 元，较 2010 年增幅达 73.1%。截至 2014 年，中央共下达重点国有林区棚户区改造投资 156.2 亿元，惠及林区 104.1 万户，职工住房条件明显改善。农村饮水安全已安排投资 3.9 亿元，解决了林区 68.1 万人安全饮水问题。

天保工程区经济转型发展态势良好。各地以天保政策为依托，通过转方式、调结构、促升级，积极发展生态旅游、沟系经营、林内经济等替代产业，大力发展现代服务业，构建了就业多途径、收入多渠道、产业多元化的生产力布局。据国家林业和草原局对 9 个省（自治区）的 37 个重点森工企业经济社会效益监测表明，第一、第二、第三产业比例分别由 2003 年的 85.96%、3.12%、10.92% 调整为 2013 年的 42.49%、36.74%、20.77%。天然林资源保护在稳增长、调结构、转动力方面的作用越来越大，为引领经济发展新常态提供了有力支撑。

林区体制机制改革不断深入。天保工程一期以来，在天保工程政策和资金的大力支持下，重点国有林区剥离企业办社会职能已经基本到位，辅业改制全面完成，为进一步深化国有林区改革，实行政企、政事、事企、管办"四分开"奠定了良好的基础。不少条件成熟的地方，将以经营和管护森林为主业的森工企业转制为全额财政拨款的事业单位，进一步强化了森林经营和管护主体的职责，也为保护和发展好当地天然林资源理顺了经营管理体制。

全民生态保护意识不断加强。随着天保工程的深入实施，全国范围内大大提高了对保护森林、关爱自然重要性的认识，促进了生态意识和生态文明理念的形成。天然林为生态文明建设提供了自然及社会基础，通过发展森林文化、生态旅游文化、绿色消费文化，弘扬人与自然和谐相处的核心价值观，形成尊重自然、热爱自然、善待自然的良好氛围，达到全社会对生态文明的认知认同，也产生了重要的国际影响，赢得了国际社会广泛关注和高度赞誉。

三、京津风沙源治理工程

京津风沙源治理工程是党中央、国务院为改善和优化京津及周边地区生态环境状况、减轻风沙危害紧急启动实施的一项具有重大战略意义的生态建设工程。21世纪初，京津乃至华北地区多次遭受风沙危害，特别是2000年春季，我国北方地区连续12次发生较大的浮尘、扬沙和沙尘暴天气，其中有多次影响首都。其频率之高、范围之广、强度之大，为50年来所罕见，引起党中央、国务院高度重视，备受社会关注。

国务院领导在听取了国家林业局对京津及周边地区防沙治沙工作思路的汇报后，亲临河北、内蒙古视察治沙工作，指示，"防沙止漠刻不容缓，生态屏障势在必建"，并决定实施京津风沙源治理工程。

2000年启动试点，2002年国务院批复规划，京津风沙源治理工程全面展开。工程范围涉及北京、天津、河北、山西、内蒙古5个省（自治区、直辖市）的75个县（旗、区）。截至2012年4月，国家已累计安排资金479亿元，其中中央预算内投资209亿元，中央财政专项资金270亿元。工程建设累计完成营造林752.61万公顷（其中退耕还林109.47万公顷），治理草地933万公顷，建设暖棚1100万平方米，配备饲料机械12.7万套，开展小流域综合治理1.54万平方千米，建设节水灌溉和水源工程21.3万处，易地搬迁18万人。

二期工程期为2013—2022年，建设范围在一期的基础上适当西扩，西起内蒙古乌拉特后旗，东至内蒙古阿鲁科尔沁旗，南起陕西定边县，北至内蒙古东乌珠穆沁旗，涉及北京、天津、河北、山西、陕西及内蒙古6个省（自治区、直辖市）的138个县（旗、市、区）。主要建设任务为：林草植被保护3103.28万公顷，林草植被建设665.83万公顷，工程固沙37.15万公顷，小流域综合治理2.11万平方千米，合理建设草地74万公顷，易地搬迁37.04万人，以及配套水利和农业基础设施建设。二期总投资为877.922亿元，其中，基本建设投资694.56亿元（含中央投资398.94亿元），财政资金183.36亿元（全部为中央财政资金）。

经过十多年建设，京津风沙源治理工程成效显著：

工程区森林面积增加。据资源清查与监测，工程区森林面积年均净增37万公顷；森林覆盖率年均增长0.8个百分点。

风沙天气明显减少。工程区已由沙尘天气发生发展过程中的加强区变为减弱区。据统计，2000—2002 年北京市沙尘天气发生次数均在 13 次以上，减少到 2010—2012 年的 4 次、3 次、2 次，2014 年未发生沙尘天气。

沙化土地明显减少。据第四次全国荒漠化和沙化监测，工程区固定沙地面积增加 9.5 万公顷，增加了 1.75%；流动沙地面积减少 10.29 万公顷，减幅达 30.68%。

经济效益日益凸显。通过大力发展特色林果、林下种养、生态旅游等产业，拓宽了农民增收致富门路，初步实现了生态建设和经济发展的良性互动。内蒙古多伦县依托京津风沙源治理工程，建成 6.67 万公顷樟子松基地，参与工程建设的农民人均收入超过 4 万元。2011 年以来，全县累计出售苗木款 1.2 亿元，覆盖 2569 户，户均增收 4.6 万元。

社会效益明显。工程对区域经济发展的贡献率保持在 25% 左右，工程区域经济社会可持续发展指数达到 71.2。

内蒙古坝上（杨丹　摄）

四、沿海防护林体系建设工程

该工程是构筑沿海地区生态安全屏障的重大生态工程。我国沿海地区经济发达、人口密集、企业众多，是带动经济社会快速发展的"火车头"和"驱动器"，生态区位十分重要。由于受地理位置和自然条件等因素影响，沿海地区又是台风、风暴潮、海啸、海雾等自然灾害频发地区，灾害发生严重威胁着当地经济发展和人民群众生命财产安全。

1988年，国家计划委员会批复《全国沿海防护林体系建设工程总体规划》，启动全国沿海防护林体系建设一期工程。范围包括辽宁、天津、河北、山东、江苏、上海、浙江、福建、广东、广西、海南11个省（自治区、直辖市）的195个县（市、区）。2000年，国家林业局又启动二期工程建设。2004年印度洋海啸发生后，根据国务院指示，国家林业局及时组织对原规划进行了修编，工程建设按照修订后的《全国沿海防护林体系建设工程规划（2000—2015年）》实施。规划范围扩大到辽宁、天津等11个省（自治区、直辖市）及大连、青岛、宁波、深圳、厦门5个计划单列市的259个县（市、区）。

建设目标：至2015年，森林覆盖率37.3%，林木覆盖率37.8%，基干林带达标率92.3%，红树林恢复率95.1%，造林保存率90%以上，农田林网控制率85%，村屯绿化率90%；建成与沿海地区经济社会发展水平相适应、生态功能完善的海岸保护发展带；基本建成生态结构稳定、防灾减灾功能强大的生态防护林体系。2015年，国家林业局又组织开展了《全国沿海防护林体系建设工程规划（2016—2025年）》编制工作。

经过20多年的长期不懈努力，沿海防护林体系建设取得显著成效，完成造林超过800万公顷，工程区森林覆盖率达到36.9%，提升2个百分点，发挥了明显的生态、经济和社会效益。

防护林体系框架基本形成。新造、更新海岸基干林带17478千米，初步形成以村屯和城镇绿化为"点"、以海岸基干林带为"线"、以荒山荒滩绿化和农田林网为"面"的点、线、面相结合的沿海防护林体系框架。

生物多样性更加丰富。工程区有红树林成林面积29.9万公顷，建立29处红树林自然保护区，其中海南东寨港等5处红树林类型湿地被列入国际重要湿地名录，一大批濒危物种得到有效保护，野生动植物种群数量明显回升。

人居环境显著改善。沿海防护林体系建设结合区域绿化美化，加快城乡绿化一体化进程，极大地改善了沿海地区的人居环境。特别是很多滨海城市已经成为林带纵横、绿树成荫、人居适宜、经济繁荣的现代化城市，提升了我国城市建设水平。随着沿海生态环境的改善，沿海防护林体系建设工程区年森林旅游达到 1.3 亿人次，比 2000 年增加 1 亿人次。

综合效益充分发挥。经测算，沿海防护林体系工程建设年综合效益总价值达到 12697 亿元，其中生态效益价值 8185 亿元、经济效益价值 4492 亿元、社会效益价值 20 亿元。

五、长江流域等防护林体系建设工程

长江流域横跨中国东部、中部和西部三大经济区共计 19 个省（自治区、直辖市），流域总面积 180 万平方千米，占国土面积的 18.8%，流域人口占全国的 38.5%，经济总量占全国的 45% 以上，在国家经济社会发展全局中具有重要战略地位，生态区位十分重要。

据历史记载，长江流域森林覆盖率曾达到 50% 以上，到 20 世纪 60 年代初期下降到 10% 左右，1989 年森林覆盖率提高到 19.9%，但森林资源总量不足、质量不高。20 世纪 50 年代，长江流域水土流失面积为 36 万平方千米，到 80 年代达 62 万平方千米，年土壤侵蚀量达 24 亿吨，全流域每年损失的水库库容量近 12 亿立方米。

为改善长江流域生态环境，提升抵御灾害能力，1989 年 6 月，国家计划委员会批准《长江中上游防护林体系建设一期工程总体规划》。工程覆盖安徽、江西等 12 个省（直辖市）的 271 个县（市、区），土地面积 160 万平方千米，占流域面积的 85%。到 2000 年，一期工程建设圆满完成，工程区森林植被得到有效恢复。21 世纪初，国家批复并实施《长江流域防护林体系建设二期工程规划（2001—2010 年）》，工程区包括长江、淮河流域 17 个省（自治区、直辖市）的 1035 个县（市、区），总面积 216.2 万平方千米。通过 10 年的努力，二期工程建设取得更为明显的生态、经济和社会效益，累计完成造林 352.3 万公顷，其中人工造林 162.8 万公顷，封山育林 183.5 万公顷，飞播造林 6 万公顷，工程区内森林覆盖率提升 4.7%，林分结构得到优化，林地生产力和生态防护功能显著提高。长江流域水土流失面积逐年下降，滑坡、

泥石流灾害明显减轻，生物多样性明显改善，有效抑制钉螺孳生，减少血吸虫滋生场所。工程区人民群众通过参加造林、护林，增加了现金收入，一大批农户通过直接参加工程建设和大力发展经济林果走上致富之路。

2013 年，为有效巩固长防工程一、二期工程建设成果，进一步恢复长江流域森林植被、涵养水源、保持水土，维护长江流域的生态安全和人民安康，国家林业局发布实施《长江流域防护林体系建设三期工程规划（2011—2020 年）》。规划范围覆盖长江流域 17 个省（自治区、直辖市）的 1026 个县（市、区），总面积 220.6 万平方千米。与二期工程相比，增加福建省"六江二溪"源头 32 个县（市）和西藏雅鲁藏布江流域 28 个县（区），上海市不再纳入工程区范围。综合考虑长江流域经济社会条件，三期工程规划把工程区分为 16 个重点治理区，规划总投资 1257.9 亿元。建设任务包括人工造林 361.6 万公顷、封山育林 907.3 万公顷、飞播造林 9.2 万公顷。规划到2020 年，增加森林面积 379.3 万公顷，森林覆盖率达到 39.3%，比规划实施前提升 1.3%。同时，初步构建完善长江流域生态防护林体系，把长江流域建设成为我国重要的生物多样性富集区、森林资源储备库和应对气候变化的关键区域。

六、珠江流域防护林体系建设工程

珠江是我国七大河流之一，流经云南、贵州、广西、广东、湖南、江西6 个省（自治区），流域总面积 44.2 万平方千米，与长江航运干线并称为我国高等级航道体系的"两横"，是大西南出海最便捷的水道。珠江三角洲是我国人口集聚最多、综合实力最强的地区之一。珠江下游的香港和澳门是我国的两颗"明珠"。由于地理原因，香港和澳门特区对珠江水源的依赖度比较高。整个珠江流域生态区位十分重要。

为增加流域森林植被，有效治理石漠化和水土流失，增强抵御旱涝等灾害能力，加快区域生态建设，国家于 1996 年开始实施《珠江流域综合治理防护林体系建设工程总体规划（1993—2000 年）》《珠江流域防护林体系建设工程二期规划（2001—2010 年）》。一期规划工程区涉及 56 个县，二期规划工程区增加到包括珠江流域 6 个省（自治区）的 187 个县（市、区）。整个二期工程国家和地方共投入资金 18.6 亿元，累计完成营造林 95.45 万公顷，其中人工造林 47.4 万公顷、封山育林 39 万公顷、飞播造林 500 公顷、低效林改造 9 万公顷，取得明显的生态、经济和社会效益。

工程区森林资源增幅明显，截至 2010 年，工程区有林地面积达到 1913.3 万公顷，森林蓄积量 8.3 亿立方米，森林覆盖率达到 56.8%，分别比 2000 年增加 108.2 万公顷、2.7 亿立方米和 12%。

流域森林面积的增加，增强了其保持水土、涵养水源及减少洪灾、泥石流、滑坡等自然灾害的能力。西江流域（包括南盘江、北盘江）、北江流域土壤侵蚀量明显下降。广东省东江、西江、北江中上游水质保持在 Ⅱ 类以上，新丰水库等大型水库水质保持在 Ⅰ 类水质标准。同时，各地坚持以防护林建设为主体，生态建设与经济发展统筹兼顾，依托工程建设培植了一批林业产业基地，产生了较好的经济效益，促进了农民脱贫致富。贵州省工程区林农年均纯收入由 2000 年的 1327 元提高到 2009 年的 2541 元，增加 91.5%。

在"十二五"期间，国家林业局在前两期建设的基础上，又组织编制、实施了《珠江流域防护林体系建设工程三期规划（2011—2020 年）》，将工程建设范围扩大到 6 个省（自治区）37 个市（州）215 个县（市、区），土地面积达到 4166.7 万公顷，分为 5 大治理区 8 个重点建设区域，重点加强水土流失和石漠化的治理，并在保护现有植被的基础上，加快营林步伐，提高林分质量，增强森林保土蓄水功能。工程建设规模 392.6 万公顷，其中人工造林 94.9 万公顷、封山育林 166.6 万公顷、低效林改造 131.1 万公顷。到 2020 年，工程区新增森林面积 153 万公顷，森林覆盖率提高到 60.5% 以上，森林蓄积量由 8.9 亿立方米提高到 9.2 亿立方米，低效林得到有效改造，林种、树种结构进一步优化，各类防护林面积由 1026.7 万公顷增加到 1248.8 万公顷，森林保持水土、涵养水源、防御洪灾与泥石流等自然灾害的能力显著增强，水域水质有所提升，有效保证珠江流域特别是香港、澳门特区的饮用水安全。

七、平原绿化工程

平原地区是我国重要的粮、棉、油等生产基地，土地面积、耕地面积和人口分别占全国的 22.3%、47.9% 和 43.8%。在国民经济建设和社会发展中具有极其重要的地位。

历史上，我国平原地区森林植被稀少，干旱、洪涝、风沙和霜冻等自然灾害频发，水土流失、土地沙化情况严重。1998年前做了大量而卓有成效的工作，如林业部先后召开8次全国平原绿化会议，研究推动平原绿化工作；先后颁布了《华北中原平原县绿化标准》《南方平原县绿化标准》《北方平原县绿化标准》；编制了《全国平原绿化"五、七、九"达标规划》《1989—2000年全国造林绿化规划纲要》等。

在已有基础上，2006年，国家林业局组织编制并实施了《全国平原绿化工程建设规划（2000—2010年）》，建设范围涉及26个省（自治区、直辖市）的958个县（市、区、旗）。造林绿化总任务427.5万公顷，包括新建农田防护林带36.5万公顷，改良提高已有林带84.8万公顷，园林化乡镇建设21.2万公顷，村屯绿化78.9万公顷，荒滩、荒沙和荒地绿化206.2万公顷，工程总投资达188.4亿元。截至2010年，"五、七、九"平原绿化达标规划和二期平原绿化工程规划的实施使平原地区生态明显改善。平原地区森林覆盖率由1987年的7.3%提高到15.8%，增加8.5个百分点；基本农田林网控制率由1987年的59.6%增加到79%，初步建立起比较完善的点、带、片、网平原农田综合防护林体系，区域木材和林产品供给显著增加，村镇人居环境得到有效改善。

《全国新增1000亿斤粮食生产

美好家园（刘俊　摄）

能力规划（2009—2020 年）》把农田防护林体系建设列为重要保障措施之一。《全国现代农业发展规划（2011—2015 年）》把农田防护林建设列为我国"十二五"期间现代农业发展的重点任务和重点工程之一。《林业发展"十二五"规划》把构筑平原农区生态屏障列为升级平原绿化的重要目标。《全国平原绿化三期工程规划（2011—2020 年）》规划范围覆盖 24 个省（自治区、直辖市）923 个平原、半平原和部分平原县（市、区、旗），以全国粮食主产省和粮食主产区为重点建设区域，分六大片，通过加快农田防护林网建设和村镇绿化，开展退化林带的生态修复和中幼龄林带抚育，切实提升平原农区防护林体系综合功能。规划总投资 457.8 亿元，建设任务包括人工造林 492.4 万公顷，修复防护林带 128.1 万公顷，农林间作 85.9 万公顷。规划到 2020 年，平原地区森林覆盖率达到 18.7%；林木绿化率达到 20.4%，增加 2.3%；基本农田林网控制率达到 95% 以上。

通过三期建设，在全国平原地区建立起比较完善的农田防护林体系，实现等级以上公路、铁路、河流等沿线全面绿化，平原地区的森林质量得到有效改善，广大农田得到有效庇护，区域木材及林产品供给显著增加，切实保障国家到 2020 年比 2008 年增加 500 亿千克粮食产量目标的超额实现。根据国家统计局公布，2020 年全国粮食总产量 6695 亿千克，比 2008 年 5285 亿千克增加 1410 亿千克。

八、湿地保护与恢复工程

中国湿地保护分为 3 个阶段，1992—2003 年，摸清家底和夯实基础阶段；2004—2015 年，抢救性保护阶段；2016—2021 年，全面保护阶段。为扭转湿地大面积退化、萎缩的生态现状，中央多次发文要求启动退耕还湿、湿地生态修复、华北地下水超采漏斗区综合治理等工作，完善森林、草原、湿地、水土保持等生态补偿制度，实施湿地生态效益补偿、湿地保护奖励试点和沙化土地封禁保护区补贴政策。

2002 年，国务院批复了《全国湿地保护工程规划（2002—2030 年）》，陆续实施 3 个五年期实施规划，中央政府累计投入 198 亿元，实施了 4100 多个工程项目，带动地方共同开展湿地生态保护修复。

2005 年，国务院批复了《全国湿地保护工程实施规划（2005—2010

年）》。2012 年，国务院批复了《全国湿地保护工程"十二五"实施规划》，全面启动湿地保护与恢复工程。

"十一五"规划总投资 90 亿元，中央投资 42 亿元，实际实施项目 205 个。通过项目实施，全国恢复湿地 79162 公顷，湿地污染防治面积 2093 公顷。

"十二五"规划总投资 129.87 亿元，中央投资 55.85 亿元，其中，中央预算内投资 40.5 亿元，财政投资 15.30 亿元，规划项目 738 个，项目区湿地面积 324 万公顷。实际恢复湿地 98473 公顷。

2010 年，财政部设立了湿地保护补助资金专项，主要用于监测监控设备购买维护、退化湿地修复、聘用管护人员等方面。2010—2013 年，中央财政共投入资金 8.5 亿元，支持实施湿地保护补助项目 325 个，覆盖了全国所有省份。项目的实施，提高了基层湿地保护管理机构的管理能力，改善了湿地的生态状况。2014 年，中央财政将湿地保护补助政策扩大为湿地补贴政策，出台了资金管理办法，新增了湿地生态效益补偿试点、退耕还湿试点、湿地保护奖励试点 3 个支持方向，2014 年补贴资金达 16 亿元，比 2013 年增加了 5.4 倍。

拉昂错之夏（李昕宇 摄）

玛旁雍错湿地（李昕宇 摄）

内蒙古南瓮河湿地（杨丹 摄）

随着 2021 年 12 月 24 日《中华人民共和国湿地保护法》的颁布，我国湿地保护进入有法可依的时代。至 2021 年，中国现有湿地面积 5667 万公顷（8.5 亿亩）左右，实施湿地保护修复项目 3400 多个，指定了 64 处国际重要湿地、29 处国家重要湿地、1011 处省级重要湿地，设立了 602 处湿地自然保护区、901 处国家湿地公园、为数众多的湿地保护小区，湿地保护率达 46.76%；分布有湿地植物 2258 种，湿地鸟类 260 种，总体水质呈向好趋势，生物多样性丰富度进一步提高。

九、岩溶地区石漠化综合治理工程

石漠化是指在热带、亚热带湿润、半湿润气候条件和岩溶发育良好的自然背景下，受人为活动干扰，使地表植被遭受破坏，导致土壤严重流失，基岩大面积裸露或砾石堆积的土地退化现象，是岩溶地区土地退化的极端形式。

2008 年 2 月，国务院批复了《岩溶地区石漠化综合治理规划大纲（2006—2015 年）》。治理区包括贵州、云南、广西、湖南、湖北、四川、重庆、广东 8

个省（自治区、直辖市）的 451 个县（市、区）。2003 年，国家安排专项资金在 100 个石漠化县开展试点工程，到 2014 年已有 314 个县（占总县数的 2/3）正式启动。2008—2015 年国家已投资 119 亿元，植树造林投资份额占 48%，体现以林业为主体的综合治理路线。

规划到 2015 年，完成石漠化治理面积 7 万公顷，占工程区石漠化总面积的 54%；新增林草植被面积 942 万公顷，植被覆盖度提高 8.9 个百分点；建设和改造坡耕地 77 万公顷，每年减少土壤侵蚀量 2.8 亿吨。工程涉及林业建设任务 822.65 万公顷，农业建设任务 119.5 万公顷，以及畜种改良 152.51 万头，建设棚圈、饲草机械、青贮窖等；坡改梯建设规模 7.1 万公顷，并配套建设田间生产道路、沟道等水土保持设施；安排建设泉点引水 4.3 万千米，安排沼气池、节柴灶、太阳能、小型水电等建设。

2008—2010 年，启动实施了 100 个县的石漠化综合治理试点工程，2011 年开始由试点阶段转入重点县治理阶段，2011 年重点治理县扩大到 200 个县，2012 年扩大到 300 个县，2014 年扩大到 314 个县。

石漠化综合治理工程自 2008 年试点启动以来，累计完成营造林 188.8 万公顷，石漠化扩展势头得到初步遏止，由过去持续扩展转变为净减少。据第二次全国石漠化监测结果显示，我国石漠化土地面积为 1200.2 万公顷，与第一次石漠化监测结果相比，年均减少 16 万公顷，石漠化土地净减少 9 万公顷。

工程实施对提升生态效益明显。据监测，治理区林草植被盖度提高，生物量明显增加，植被生物量比治理前净增 115 万吨。群落植物丰富度提高，生物多样性指数从治理前的 0.735 提高到了 1.521。贵州省治理区植被盖度提高 5.61%，生态向良性方向发展。云南省累计新增森林面积 13 万公顷，森林覆盖率增加了 2.8 个百分点，约新增森林蓄水量 4877.36 万立方米，约减少土壤流失量 780.38 万吨。四川省森林覆盖率提高 1.4 个百分点，每年减少土壤侵蚀量 49.2 万吨，每年新增土壤蓄水能力 79.2 万立方米。重庆市累计减少土壤侵蚀量 0.05 亿吨，涵养水源 0.57 亿吨，增加林草生物量 49.13 万吨，固定二氧化碳 409.37 万吨，释放氧气 39.04 万吨。

工程实施有效提高经济效益。在石漠化综合治理过程中，各地在抓好植被恢复的同时，兼顾后续产业，发展了一批特色林果业、林草种植与加工业、生态旅游业、林下种植养殖业，促进了百姓增收。湖北省 28 个重点治理县 2014 年农民人均纯收入达 8765 元，比 2007 年的 2370 元增长 270%，年均增长 38.6%。

工程实施的社会效益显著。探索了一条"封、造、改、迁、建、扶"的石漠化综合治理路子。通过工程建设，改善了当地生态质量，营造了良好的投资和发展环境，为构建和谐新农村起到了带动示范作用。

十、速生丰产林建设工程

进入 20 世纪 90 年代后，我国木材消费进入快速增长期，进口量逐年增加。当时，中幼龄林的面积和蓄积量分别占全部林分的 71% 和 41%，全国近 60% 的木材采伐利用来自中幼龄林，木材供给能力持续下降。森林资源的质量和数量均远不能满足生产和生活的需要。同时，由于供应紧缺，乱砍滥伐对生态敏感区带来严重破坏，生态安全经受的挑战日益严重。在这一背景下，中央从战略高度提出建设速丰林工程是林业实现由采伐天然林为主向采伐人工林为主转变的必然选择，是促进农村经济结构调整和群众脱贫致富、从根本上调动林农积极性、应对加入 WTO 以后面临的国际竞争的根本出路。

我国速生丰产用材林建设起步于 20 世纪 70 年代初，到了 80 年代中期发展速度加快。1988 年国家计委批准了林业部制定的《关于抓紧一亿亩速生丰产用材林基地建设报告》，1989 年国务院批准实施《1989—2000 年全国造林绿化规划纲要》，将速生丰产用材林基地建设推向一个新的高潮。截至 1997 年，我国速生丰产用材林基地建设累计保存面积约 533.3 万公顷，其中 1989—1997 年共建速生丰产用材林 416.7 万公顷。浙江、安徽、福建、江西、湖北、广东、广西、四川、贵州、湖南 10 个省（自治区）造林面积较大，占总面积的 70% 以上。其后随着我国速生丰产用材林基地建设布局的调整和扩大，河北、内蒙古、山东、黑龙江、辽宁、河南、云南、山西、甘肃、宁夏、新疆等省（自治区）的速生丰产用材林造林面积也在迅速增加。就地域来看，速生丰产用材林基地集中分布于 20 大片和 5 小片的基地群内。建设初期，基地建设布局限于南方 12 个省的 212 个县，在造林树种的选用上，以杉木为主，树种比较单一。随着我国速生丰产用材林经营目标的多样化，造林树种也逐渐丰富起来，主要包括杉、松、杨、泡桐和桉树等树种，这些树种占速生丰产用材林造林总面积的 70%~80%。随着经营技术和管理水平不断提高，从后期林分生长状况看，速生丰产用材林一般都好于其他类型人工林。我国利用世行贷款营造的速生丰产用材林，造林质量都达到或超过部颁标准，受到世行专家的好评。早期营造的速生丰产用材林已逐步进入成熟期，正在成为可观的木材供给储备，经济效益也日益明显，对缓解我国木材供需矛盾具有重要作用。

2002 年，国家计委正式批复了《重点地区速生丰产用材林基地建设工程规划》。工程建设范围主要是在 400 毫米等雨量线以东，自然条件优越、立地条件好、地势较为平缓、不易造成水土流失、不会对生态环境构成不利影响的 18 个省（自治区），包括黑龙江、吉林、辽宁、内蒙古、河北、河南、山东、江苏、安徽、浙江、江西、福建、湖南、湖北、广东、广西、海南和云南的 886 个县（市、区）、114 个林业局（场）。此外，西部的一些省份也有部分自然条件优越、气候适宜的商品林经营区，根据需要，也可适量发展速生丰产用材林基地。

按照自然条件、造林树种、培育周期和培育措施等因素，速丰林工程又分为热带与南亚热带的粤桂琼闽地区、北亚热带的长江中下游地区、温带的

小兴安岭（刘俊 摄）

山西省忻州市宁武县管涔山国有林区马家庄林场的人工林（刘俊 摄）

黄河中下游地区和寒温带的东北内蒙古地区四大区域。发展重点有所区别：粤桂琼闽地区包括广东、广西、海南和福建4省（自治区），发展重点是培育以桉树、相思树和松类为主的纸浆原料林，以松类为主的人造板原料林及以桃花心木、柚木、西南桦等珍贵大径级用材林；长江中下游地区包括江苏、安徽、浙江、江西、湖南、湖北等省，以及云南省的思茅地区，发展以杨树、松类、竹类为主的纸浆原料林和人造板原料林，以及以楠木、樟树为主的大径级用材林；黄河中下游地区包括的黄河流域河南、河北、山东三省以及淮河、海河流域的豫东、冀中、冀南、鲁西地区，发展方向是培育以杨树为重点的纸浆原料林和人造板原料林；东北内蒙古地区包括黑龙江、吉林、内蒙古大兴安岭和大兴安岭林业公司等国有林区，以及黑龙江、吉林、辽宁的集体林区，发展方向是以杨树、落叶松为主的纸浆原料林和人造板原料林，以及以红松、水曲柳等珍贵阔叶树为主的大径级用材林。

根据《林业发展第十个五年计划》，以及我国纸张、纸板、木浆和人造板对木材原料的需求预测，同时考虑到速生丰产林基地建设的可能，速丰林基地建设总规模为1333万公顷，建设项目99个。其中包括3种用材林基地：纸浆材基地586万公顷，建设项目39个；人造板材基地497万公顷，建设项目50个；大径级材基地250万公顷，建设项目10个。在总规模中，新造人工林618万公顷，改培现有林715万公顷。全部基地建成后，每年可生长林分蓄积量19958万立方米，出材13337万立方米，可满足国内生产用材需求量的40%，加上现有森林资源的采伐利用，使国内木材供需基本趋于平衡。

整个工程建设期为2001—2015年，分两个阶段、共三期实施：至2005年，建设速丰林基地469万公顷，每年可提供木材4905万立方米；至2010

年，建设速丰林基地 920 万公顷，每年可提供木材 9670 万立方米；至 2015 年，建设速丰林基地 1333 万公顷，每年可提供木材 13337 万立方米。

根据国家林业局对 18 个重点省（自治区、直辖市）的初步统计，截至 2007 年年底，重点地区速生丰产用材林基地建设工程累计完成速生丰产用材林营造任务 574 万公顷。龙头企业和造林大户农户成为工程建设的主体，纸浆原料林、人造板原料林、大径级用材林、其他工业原料林成为造林重点。

工程建设机制创新成效显著。创立了以林业产业化龙头企业为主体，多种所有制、多种经营形式参与，多种利益联结参与商品林业经营，建设林纸、林板、大径级用材林、竹产业基地，以基地带动农户发展的新模式。通过收购、租赁、联营、合资、合作、承包等形式营造速生丰产林，生产要素逐步向林业建设集中，形成了以社会投入为主、国家扶持为辅的营造林新机制。极大地支持了纸浆、人造板等产业的可持续发展，为解决我国纤维材供应，保障木材和林产品安全作出了重大贡献。

对确保生态安全，避免或减缓乱砍滥伐对公益林造成的破坏产生了深远而积极的影响。解决木材供需矛盾是保护天然林资源的关键。实施天然林保护工程后，长江上游、黄河中上游已全面停止天然林商品性采伐，东北、内蒙古等重点国有林区大幅度调减木材产量。木材的供需矛盾进一步加剧，对外依存度超过 50%，产业安全形势严峻。用较少的土地，高投入、高产出，实行高度集约化经营，大力营造速生丰产用材林、短周期工业原料林，增加木材和林产品的供给，为解决我国木材供需矛盾，实现由采伐天然林为主向采伐人工林为主转变，推进天然林保护和其他生态工程顺利实施奠定了坚实的基础。

工程建设质量和效益明显提高。工程建设通过选育新品种、运用新技术，实行集约经营和定向培育，缩短了林木培育周期，提升了林木经营管理水平，建设质量和效益显著提高，呈现出良好的发展势头。

有力地促进了新农村建设，增加了农民收入。不论企业造林还是大户造林，从整地到栽植、培育、管护等过程，都要产生大量劳务费，从而增加了农民收入和就业机会。农民通过参与速丰林建设，走上了富裕之路，加快了脱贫致富步伐。

十一、国家储备林基地建设

国家储备林是为满足经济社会发展和人民美好生活对优质木材的需要，在自然条件适宜地区，通过人工林集约栽培、现有林改培、抚育及补植补造等措施，营造和培育的工业原料林、乡土树种、珍稀树种和大径级用材林等多功能森林。其根本任务是提升林业综合生产能力，提高木材产品供给数量和质量。它的出发点是解决生态安全与木材需求之间的矛盾，以实现维护生态安全与保障木材需求间的协调平衡。国内木材长期处于需求持续刚性增长状态，对外依存度超过 50%，2020 年木材消耗量达到 7 亿立方米。我国已成为全球第二大木材消耗国、第一大木材进口国。"大需求"的背后，是严峻的

山西省管涔山国有林区霜染深秋（刘俊 摄）

木材安全形势。

党中央、国务院高度重视国家储备林建设。《关于加快推进生态文明建设的意见》《生态文明体制改革总体方案》，国家"十三五"规划纲要，2013 年、2015 年、2017 年中央 1 号文件，都对建立国家储备林制度、加强国家储备林基地建设作出了安排部署。2011 年，国家发改委、国家林业局会同财政部向国务院上报《关于构建我国木材安全保障体系的报告》，时任国务院总理温家宝、国务院副总理回良玉分别作出重要批示，同意编制木材战略储备基地规划，要求把木材安全保障体系建设与植树造林、改善生态环境及农民增收结合起来。2012 年，全国木材战略储备生产基地示范项目启动。同年，7 个示范省（自治区）共建成国家储备林基地 35.33 万公顷。2013 年，中央 1 号文件提出"加强国家木材战略储备基地建设"，木材战略储备基地建设上升为国家的重要决策。同年，国家林业局组织编制了《全国木材战略储备生产基地建设规划（2013—2020 年）》和《2013 年国家储备林建设试点方案》，在 7 个试点省区选定 30 个承储试点林场，首批划定国家储备林 5.83 万公顷，迈出了构建长效稳定的国家立木储备第一步。2014 年，全国木材战略储备生产基地建设范围扩大到 15 个省（自治区、直辖市），划定国家储备林 100 万公顷。2015 年，中央 1 号文件明确提出，建立国家用材林储备制度。2016 年，国家林业局制定的《国家储备林制度方案》印发实施，梳理出 37 项国家储备林制度建设主要任务，厘清国家储备林制度建设路线图和时间表。2017 年 2 月，中央 1 号文件提出"加强国家储备林基

地建设"。同年9月，我国林业首个PPP项目"福建省南平市建设生态文明试验区——国家储备林质量精准提升工程项目"落地实施。2018年3月，国家林业局正式印发《国家储备林建设规划（2018—2035年）》。

工程借鉴世行贷款造林项目经验，总结桉树等速生树种高效培育、杉木等一般树种大径材培育和楠木等珍稀树种混交林改培等43种模式和57个案例，编制《国家储备林树种目录》，发布《国家储备林现有林改培技术规程》，探索建立国家储备林培育经营标准体系。

国家林业和草原局把木材战略储备基地建设作为推进现代林业的重要载体，加强政策支持，不断推进投融资机制创新，强化制度建设，加快项目落地实施，储备林建设取得重要突破和积极进展。

试点示范取得初步成效。2012年，国家林业局在广西、福建、湖南、云南、广东、江西、河南7个省（自治区），以国有林场为主体，启动国家储备

山西省关帝山国有林区油松、落叶松、杨树混交林（刘俊 摄）

林建设试点。试点地区党委、政府高度重视，林业、发展改革、财政等部门密切配合，截至 2017 年年底，累计完成试点建设任务 318 万公顷。2014 年，在南方 15 个省（自治区）划定国家储备林 100 万公顷。

　　金融创新不断推进。2015 年 12 月、2016 年 6 月，国家林业局分别与国家开发银行、中国农业发展银行签署战略合作协议，利用开发性政策性金融贷款开展国家储备林建设，开发出长周期、低成本的国家储备林金融产品，贷款期限可达 30 年（含宽限期），有效缓解了林业融资难、融资贵、融资短的突出问题，打造了新时代绿色金融支持林业发展的成功范例。2015 年，在广西正式启动首个利用开发性政策性金融贷款国家储备林建设项目，随后在河北、天津、广西、福建、河南等省（自治区、直辖市）陆续铺开。截至 2018 年 12 月，共有 203 个国家储备林建设等林业重点项目获国家开发银行、中国农业发展银行批准授信 1566 亿元，累计发放贷款 574 亿元，其中国家储

备林建设项目 73 个、放款 276 亿元。

探索现代化经营管理国家储备林建设。综合运用现代理念、科学手段、先进装备等要素，推进大型营造林工程系统化管理，采取高效集约经营、栽培模型设计、契约式管理、系统工程管理、全面质量管理等一整套新的生产管理方式和流程，初步建立了以高标准、高质量、高效益为目标的国家储备林培育、经营和管理体系。

今后一个时期，国家储备林建设重点选择在自然条件优越、资源增长潜力大、优良种苗充足、地方特色鲜明、支撑能力强的地区，建设范围包括北京等 29 个省（自治区、直辖市），龙江、大兴安岭、内蒙古、吉林、长白山 5 个森工（林业）集团，新疆生产建设兵团，共计 1897 个县（市、区、旗）、国有林场（局）和兵团团场。根据《国家储备林建设规划（2018—2035 年）》，建设布局按照自然条件、培育树种和培育方式相似的原则，将建设范围划分为七大区域，并确定各区域的发展方向和重点。

（1）东南沿海地区，包括福建、广东、广西、海南。自然条件优越，年均降水量多在 1200 毫米以上。以建设桉树、杉类等工业原料林基地为主，因地制宜地大力发展周期较长的热带和南亚热带 20 个珍稀树种和大径级用材林。

（2）长江中下游地区，包括江苏南部、浙江、安徽南部、江西、湖北、湖南。自然条件优越，年均降水量在 1000 毫米以上。以培育欧美杨和松类、杉类、竹类为主的中短周期用材林，适地适树发展周期较长的楠木、红豆杉、红椿、樟树等珍稀树种和大径级用材林。

（3）黄淮海地区，包括安徽北部、山东、河南、河北（部分）。自然条件较为优越，年均降水量多为 600~800 毫米。主要培育适宜该区域生长的毛白杨、欧美杨等浆纸和人造板工业原料林，发展栎类、榉树等珍稀树种和大径级用材林。

（4）西南适宜地区，包括重庆、四川、贵州、云南。自然条件较为优越，年均降水量在 800 毫米以上。在适宜地区培育桢楠、红椿、降香黄檀、铁刀木等珍稀树种和大径级用材林。

（5）京津冀地区，包括北京、天津、河北（环京津部分）。选择自然条件较为优越、年均降水量在 600 毫米左右的适宜区域，发展杨树、刺槐、榆树、柳树等乡土树种用材林和落叶松、樟子松、油松、侧柏等珍稀树种和大径级用材林。

（6）东北地区，包括辽宁、吉林、黑龙江、内蒙古及龙江、大兴安岭、内蒙古、吉林、长白山森工（林业）集团。选择自然条件较为优越、年均降水量在 400~600 毫米的适宜区域，发展杨树、樟子松、落叶松等中短周期用材林和红松、水曲柳等珍稀树种和大径级用材林。

（7）西北地区，包括山西、陕西、甘肃、青海、宁夏、新疆及新疆生产建设兵团等。选择自然条件较为优越、年均降水量在 200~600 毫米或具有灌溉基础的绿洲适宜区域，发展杨树、榆树、落叶松、夏橡等中短周期用材林，云杉、水曲柳等珍稀树种和大径级用材林。

第二节　林草业改革攻坚及生态文明建设的能力取得新突破

习近平总书记强调，改革只有进行时，没有完成时；要坚持正确改革方向，尊重群众首创精神，积极稳妥推进集体林权制度创新，探索完善生态产品价值实现机制；国有林区和国有林场改革要守住保生态、保民生两条底线。

伊春国家自然保护区（刘俊　摄）

国有林区、林场、集体林改三项改革取得了阶段性成果。党的十八大以来，林草业改革攻坚取得新的突破，林业草原国家公园融合发展及服务与生态文明建设的能力进一步增强，为"十四五"开好局奠定了坚实基础。

一、集体林权制度改革取得成效

我国现有集体林地面积 1.86 亿公顷，占全国林地总面积的 60% 左右。2008 年 6 月 8 日，党中央、国务院出台《关于全面推进集体林权制度改革的意见》。2009 年 6 月 22 日，中央召开了新中国成立以来的首次中央林业工作会议，对集体林权制度改革做出了全面部署，改革在全国范围内全面推开。截至 2015 年年底，全国除上海和西藏以外 29 个省（自治区、直辖市）已确权 1.8 亿公顷。通过林权制度改革，林业新型经营主体不断壮大：新型经营

北疆徒步（晋翠萍 摄）

主体数量 18.42 万个，经营面积 2420 万公顷，财政奖补资金 14.66 亿元，雇工人数 463.44 万人。林业专业合作组织已覆盖全国，涉及种苗、花卉、用材林、经济林、林产品加工与销售、中草药种植、林下经济、森林旅游等领域，呈现旺盛的生命力和良好的发展势头；林下经济发展良好：2015 年全国林下经济产值 5804 亿元，参与农户 5706 万户，其中森林人家 956 万户。林下经济奖补资金 29.13 亿元；林权抵押贷款增长明显：全国 28 个省（自治区、直辖市）开展了林权抵押贷款，抵押面积 660 万公顷，贷款金额 2016 亿元；森林保险快速发展：全国 26 个省（自治区、直辖市）开展了森林保险，投保面积 1.14 亿公顷，保险金额 8560 亿元，保费 28.94 亿元，平均每公顷保险金额 7490 元、保费 25 元。至 2020 年，集体林地"三权分置"和林权流转稳步推进，新型经营主体达 28.39 万个，经营林地近 2667 万公顷，社会资本有序进入林业，集体林业发展质量和效益有所提升。草原领域改革加快推进，国务院办公厅正式发布了《关于加强草原保护修复的若干意见》。

二、国有林场改革取得新进展

党中央、国务院高度重视国有林场改革。2010 年 5 月，国务院第 111 次常务会议专门研究了国有林场改革问题。2011 年 1 月，国家发展改革委、国家林业局印发了《关于开展国有林场改革试点的指导意见》，提出选择部分省先行开展改革试点。2011 年 10 月，国有林场和国有林区改革工作小组正式确定河北、浙江、安徽、江西、山东、湖南和甘肃 7 个省为全国国有林场改革试点地区，其中江西、湖南 2 个省为整省开展试点，其他 5 个省选择部分地区开展试点，国有林场改革试点工作正式启动。2013 年 8 月 5 日，国家发展改革委会同国家林业局批复了 7 省改革试点方案。2015 年 10~12 月，国有林场和国有林区改革工作小组先后对浙江、江西和甘肃 3 个省的国有林场改革试点工作进行了验收，验收结果全部合格，试点取得了显著成效。2015 年 2 月 8 日，中共中央国务院印发《国有林场改革方案》，3 月 17 日国务院专门召开全国国有林场和国有林区改革工作电视电话会议，部署全面推进国有林场改革工作，国有林场改革全面启动。中央财政在 2012 年、2014 年安排 36.6 亿元改革试点补助资金的基础上，2015 年又安排 36.3 亿元改革补助资金，补助资金达到了 72.9 亿元，2015 年中央财政国有贫困林场扶贫资金由

3.6 亿元提高到 4.2 亿元。交通运输部《关于贯彻落实中发〔2015〕6 号文件促进国有林场道路持续健康发展的通知》、人力资源和社会保障部《国有林场岗位设置管理的指导意见》、国家林业局《国有林场备案办法》等一系列政策的出台，有力地支持了改革工作。至 2020 年，国有林场改革通过国家验收，国有林场数量由 4855 个整合为 4297 个，95.5% 的林场被定为公益性事业单位，保生态、保民生改革目标基本实现。

三、国有林区改革取得突破

2015 年 2 月 8 日，中共中央、国务院出台的《国有林区改指导意见》进一步明确，国有林区是我国重要的生态安全屏障和森林资源培育战略基地，是维护国家生态安全最重要的基础设施；深入实施以生态建设为主的林业发展战略，以发挥国有林区生态功能和建设国家木材战略储备基地为导向，到 2020 年，基本理顺中央与地方、政府与企业的关系，实现政企、政事、事企、管办分开，林区政府社会管理与公共服务职能得到进一步强化，森林资源管护和监管体系更加完善，林区经济社会发展基本融入地方，生产生活条件得到明显改善，职工基本生活得到有效保障；区分不同情况有序停止天然林商业性采伐，重点国有林区森林面积增加 36.67 万公顷（550 万亩）左右，森林蓄积量增长 4 亿立方米以上，森林碳汇和应对气候变化能力有效增强，森林资源质量和生态保障能力全面提升。根据国有林场和国有林区改革工作电视电话会议精神，从 2015 年 4 月 1 日起，全面停止吉林森工集团、长白山森工集团、内蒙古大兴安岭森工集团以及吉林营林 4 局、内蒙古岭南 8 局和内蒙古大兴安岭山脉 100 个国有林场的天然林商业性采伐，重点国有林区每年减少消耗木材 362 万立方米，实现森林采伐到生态保护的重大转型。至 2020 年，国有林区改革 7 项任务基本完成，5 项支持政策基本到位，实现了政事企分开，建立了新的森林资源管理体制，森林资源持续稳定增长，林区基础设施条件明显改善。

四、构建起林草资源保护发展长效制度机制

2020 年 12 月 29 日，中共中央办公厅、国务院办公厅印发《关于全面推

行林长制的意见》，推动构建党委领导、党政同责、属地负责、部门协同、源头治理、全域覆盖的森林草原资源保护发展长效机制。

林长制是以习近平新时代中国特色社会主义思想为指导，深入贯彻习近平生态文明思想，以全面提升森林和草原等生态系统功能为目标，以压实地方各级党委和政府保护发展森林草原资源主体责任为核心的制度创新。林长制为进一步加强森林草原资源保护提供了有力手段，有利于促进人与自然和谐共生，有利于增进人民群众的生态福祉，有利于促进生态文明和美丽中国建设。

林长制以制度体系建设为核心，以监督考核为手段，坚持生态优先、保护为主，坚持绿色发展、生态惠民，坚持问题导向、因地制宜，坚持党委领导、部门联动，全面落实地方党政领导干部保护发展森林草原资源目标责任制，是构建生态文明制度体系的重要组成部分，是提升我国林草治理体系和治理能力现代化的必然要求，是今后一个时期森林草原资源保护发展的重大制度保障和长效工作机制。

全面推行林长制是践行习近平生态文明思想的重要举措，是加强生态文明建设的重大战略决策。截至 2022 年 7 月，全国各级林长应设尽设。除直辖市和新疆生产建设兵团外，其余各省均设省、市、县、乡、村五级林长，各级林长近 120 万名，省级林长 421 名。各省均由党委和政府主要负责同志担任总林长，实行"双挂帅"。《关于全面推行林长制的意见》要求的"确保到 2022 年 6 月全面建立林长制"的目标如期实现。

通过林长制的制度创新，实现林草事业的高质量发展。林长制的推行落实了责任制，将保护发展森林草原资源的主体责任和主要任务进一步明确并压实到党委、政府，明确了"谁来干""干什么"。此外，督查考核和激励是促进地方推深做实林长制的重要手段之一，每年将林长制督查考核列入中央督查考核计划，林长制也首次作为涉林事项纳入国务院督查激励事项。

国家林业和草原局按照统一安排部署、统一目标任务、统一组织考核、统一结果运用的原则，科学制定督查考核办法，形成了 13 项具体考核指标。

全面推进建立林长制以来，森林草原资源管理不断强化，持续开展森林督查，打击违法犯罪行为。2021 年，全国林草行政案件发生数量同比下降 21%，2022 年上半年，全国回收林地同比上升 26.62%。科学绿化迈出重要步伐，2021 年，完成造林 5400 万亩、种草改良草原 4600 万亩，治理沙化、石漠化土地 2160 万亩，首次实行造林任务直达到县、落地上图。野生动植物保

山西省大同市怀仁县金沙滩林场（刘俊 摄）

护管理不断强化，全面加强野生动植物保护。国家公园建设取得重要进展，推进第一批 5 个国家公园建设，开展新一批创建，加快推进国家公园立法进程。森林草原灾害防控能力持续加强，2021 年，松材线虫病发生面积、病死树数量分别下降 5.12%、27.69%；全国森林火灾次数、受害森林面积、因灾伤亡人数同比分别下降 47%、50%、32%。

五、林草资源监督管理体系有效性更有保障

贯彻落实习近平总书记"用最严格制度最严密法治保护生态环境"重要

指示精神，以全面推行林长制为抓手，强化监督管理，实施综合监测，开展成效评估。

（一）压实生态保护责任

贯彻落实《关于全面推行林长制的意见》，省、市、县、乡等分级设立林长，草原重点省区建立林（草）长制；健全林长制工作机构。各级林长组织制定森林草原资源保护发展规划，落实保护发展林草资源目标责任制，协调解决区域重点难点问题；建立考核评价制度。设立林长制考核指标，重点督查考核森林覆盖率、森林蓄积量、草原综合植被盖度、沙化土地治理面积等规划指标和年度计划任务完成情况。

（二）加强资源管理

一是严格资源管理。落实林地分级管控要求，严格控制占用公益林、天然林和蓄积量高的林地、强化林地定额 5 年总额控制机制。加强草原征占用审核审批管理，严格管理超载过牧、违规放牧等行为。实施湿地负面清单管理，强化自然湿地用途监管。对自然保护地内人为活动实施全面监控，定期开展自然保护地监督检查专项行动。二是规范采伐管理。落实采伐限额和凭证采伐管理制度，强化对限额执行和凭证采伐的监督检查，深化告知承诺制等便民举措，提升便民服务水平。

（三）强化资源监督

一是强化森林督查。持续开展"天上看、地面查、网络传"的森林督查，加强重点生态功能区、生态敏感脆弱区、重点违法领域问题的监管，强化森林督查制度化、规范化。二是开展专项治理行动。深入开展打击涉林草违法专项行动。坚决查处非法占用林地、草原、湿地、荒漠、自然保护地及毁林毁草开垦等案件。

（四）综合监测评估

一是构建综合监测体系。落实《自然资源调查监测体系构建总体方案》，建立国家地方一体化管理的林草综合监测制度和"天空地网"一体化的技术体系，健全监测评价标准规范，整合开展森林、草原、湿地、荒漠化、沙化、石漠化综合监测。二是实施生态系统保护成效监测。以国土空间一张图为基础，构建林草资源一张图。开展第十次森林资源清查等专项监测，每年公布林草资源及生态状况白皮书。开展林草突变图斑实时监测预警，辅助监督执法，应对突发事件。三是加强支撑能力建设。设立国家林草生态综合监测中心，统筹林草监测技术力量，提升综合监测数据采集和信息核实能力。探索新技术应用，研建基础数表。

六、林草防灾减灾能力进一步增强

贯彻落实习近平总书记"生命至上""安全第一""源头管控""科学施救"重要指示批示精神，坚持预防为主，加强与应急、公安、气象等部门协调配合，一盘棋共抓、一体化共建。

（一）健全森林防险预防体系

一是落实防火责任。严格落实党政同责、行政首长负责制。各级林草部门认真履行防火责任，林草经营单位落实主体责任和各项防火措施。开展林草、应急、公安等部门联合督导预防，建立约谈问责机制。二是提高预警能力。综合利用"天空地"各类监测手段，提高主动掌握火情能力。强化与应急、气象部门间会商研判、预警响应、信息共享等协同联动机制。建设国家和省级防火调度管理平台。强化东北、西南防火重点区域雷击火监测。三是管控野外火源。开展森林草原火灾风险普查。在重点地段配置宣传警示、检查管控设施，推广"防火码"。会同公安机关严厉打击违法违规野外用火行为。科学开展计划烧除。

（二）加强林草有害生物防治

贯彻落实习近平总书记"全面提高国家生物安全治理能力"重要指示批

冰山脚下花烂漫（晋翠萍 摄）

示精神，遏制林草重大有害生物扩散蔓延，提升有害生物防治能力，维护自然生态系统健康稳定。

实施松材线虫病疫情防控攻坚行动。一是实施精准防控。对全国松林分布区域实行分区分级管理，加强浙江、江西、广东、重庆等重点省市和秦岭、黄山、泰山、三峡库区等重点区域松材线虫病疫情防控集中攻坚。强化古树名松和重要地标性景观松树保护和抢救性治疗。实施疫区松林抚育改造计划，定点集中除治疫木。实施松材线虫病防治科技攻关"揭榜挂帅"。到2025年，消灭黄山、泰山疫情，全国疫情发生面积和乡（镇）疫点数量实现双下降，县级疫区数量控制在2020年水平以下，疫情快速扩散态势得到有效遏制。二是加强监测管控。实行疫情防控目标责任书制度。推进疫情监测防控网格化管理，开展疫情监测、山场封锁、疫木清理和无害化处置等全过程监管。实施防控成效评价和灾害损失评估。建立健全疫情联防联控机制。三是严格检疫执法。全面加强防治检疫机构队伍建设，定人、定责、定时间、定标准。开展专项执法行动、强化疫情传播阻截，加强违法违规加工利用和非法调运疫木及其制品行为查处。

强化林业重大有害生物防治。一是实行网格化监测预警。推进松毛虫、

美国白蛾、天牛等重大林业有害生物区域联防联治和社会化防治。研发立体监测和大数据预报、植物检疫等综合管理平台。二是强化防治减灾。开展检验鉴定、检疫封锁、检疫监管和除害处理等基础设施建设。建立林业有害生物应急防治指挥调度系统和飞机防治质量监管系统。建设和完善应急指挥中心和应急物资储备库。建立健全地方各级人民政府责任落实考核评价制度。三是推广技术应用。大力推广生物防治、生态调控等绿色防控技术。加快现有技术的组装配套和科研成果转化。

　　加强草原有害生物防治。一是提升监测水平。建立健全鼠、蝗虫、草地螟等草原有害生物监测预警站点网络体系。建立支撑草原有害生物风险管理的全要素数据资源体系。二是强化灾害预防和治理。开展草原有害生物治理，强化重大灾害综合治理。推进遥感监测、灾害智能判读、大数据分析预测、生物制剂等技术研发与推广应用。建立省、市两级区域性应急防治物资储备库。三是提升科技支撑。开展草原鼠虫害绿色防治技术和区域性草原鼠害应急控制以及长期治理技术的试点示范。开展重大草原有害生物防治科学研究。建立和完善防治技术产品质量认证。

黄河壶口（刘俊 摄）

七、林草对外开放的能力和水平进一步提高

贯彻落实习近平总书记"坚持正确改革方向""保生态、保民生""力争实现新的突破"等重要指示精神，林业草原国家公园融合发展进一步健全了林草国际合作体系。推动双边务实合作，加强多边对话交流，深化与有关国际组织、国际金融机构合作，加强国际组织人才培养推送，深入推进区域机制交流合作。重点支持国际竹藤组织和亚太森林组织发展。推进林草民间国际交流合作；加强国际履约。加强国际公约谈判，全面履行涉林草国际公约责任与义务，推动林草应对气候变化国际合作。强化国际公约履约支撑，建立健全履约部际协调机制，加强林草履约和国际合作示范基地建设、深化国际公约履约和国内林草改革发展工作融合机制。配合举办《生物多样性公约》第十五次缔约方大会，主办《湿地公约》第十四届缔约方大会。继续推进"全球森林资金网络"等办公室落户中国；全面建设绿色"一带一路"推进生态协同保护与灾害防控合作，共建跨境跨流域自然保护地、生态廊道，深化与陆地邻国开展边境森林草原防火合作，加强野生虎、豹、亚洲象等动物及其栖息地保护合作，推动候鸟栖息地及国际迁徙路线保护，深化大熊猫、朱鹮等特有物种保护科研合作。推动荒漠化防治、湿地恢复等领域生态治理技术交流合作。提升林草对外贸易水平，建设国际木材集散中心、木材加工产业园区和森林资源培育与利用基地。引导林草绿色投资，支持和培育国际竞争力强、市场占比高的国内跨国企业。鼓励和规范林草企业境外投资。

第三节   生态修复在黄河流域先行先试示范意义重大

一、历史上的黄河流域

（一）黄河的历史地位

千百年来，奔腾不息的黄河同长江一起，哺育着中华民族，孕育了中华文明。早在上古时期，炎黄二帝的传说就产生于此。在我国 5000 多年文明史中，黄河流域有 3000 多年是全国政治、经济、文化中心，孕育了河湟文化、

河洛文化、关中文化、齐鲁文化、河东文化等，分布有郑州、西安、洛阳、开封等古都，诞生了"四大发明"和《诗经》《老子》《史记》等经典著作。九曲黄河，奔腾向前，以百折不挠的磅礴气势塑造了中华民族自强不息的民族品格，是中华民族坚定文化自信的重要根基。

黄河流域构成我国重要的生态屏障，是连接青藏高原、黄土高原、华北平原的生态廊道，拥有三江源、祁连山等多个国家公园和国家重点生态功能区。黄河流经黄土高原水土流失区、五大沙漠沙地，沿河两岸分布有东平湖和乌梁素海等湖泊、湿地，河口三角洲湿地生物多样性丰富。黄河流域自然景观壮丽秀美，沙漠浩瀚，草原广布，峡谷险峻，壶口瀑布更是气势恢宏。

黄河流域是我国重要的经济地带，黄淮海平原、汾渭平原、河套灌区是农产品主产区，粮食和肉类产量占全国 1/3 左右。黄河流域又被称为"能源流域"，煤炭、石油、天然气和有色金属资源丰富，煤炭储量占全国一半以上，是我国重要的能源、化工、原材料和基础工业基地。

黄河流域是多民族聚居地区，主要有汉、回、藏、蒙古、东乡、土、撒拉、保安族等民族，其中少数民族占 10% 左右。由于历史、自然条件等原因，黄河流域经济社会发展相对滞后，特别是上中游地区和下游滩区，是我国贫困人口相对集中的区域。

黄河流域属于资源性缺水流域，仅占全国 2% 的河川径流量，多年平均天然径流量 580 亿立方米，却承担着全国 12% 的人口、15% 的耕地和沿河 50 多座大中城市的供水任务。

历史上，黄河三年两决口、百年一改道。自公元前 2000 年至 1985 年的 3985 年中，中国发生较大的水灾有 1029 年，其中黄河流域发生较大的水灾有 617 年。历史上，黄河下游决溢频繁，自公元前 602 年至 1938 年的 2540 年中，决口泛滥的年份达 543 年，甚至一场洪水多处决溢，总计决溢 1590 次，大改道 5 次，灾害之惨烈，史不绝书。这 5 次大改道是：公元前 602 年（周定王五年）河决宿胥口；公元 11 年（王莽始建国三年）河决魏郡元城；1048 年（宋仁宗庆历八年）河决濮阳商胡埽；1128 年（南宋建炎二年）杜充决河以阻金兵；1855 年（清文宗咸丰五年）河决铜瓦厢。

（二）黄河流域的生态问题

长期以来，由于自然灾害频发，特别是水害严重，给沿岸百姓带来深重灾难。黄河流域的水灾主要是洪水在黄河下游决溢泛滥，但是在区域持续暴雨下，中上游山洪暴发亦常造成局部洪灾。古人称大雨"三日以往为霖，平地尺（雪）为大雪"，因此，持续降水成灾亦同时记之。

在封建社会战争和军阀混战时期，更是人为导致黄河决口 12 次。1938年 6 月，国民党军队难以抵抗日军机械化部队西进，蒋介石下令扒决郑州北侧花园口大堤，导致 44 个县、市受淹，受灾人口 1250 万，5400 平方千米黄泛区饥荒连年，当时灾区的悲惨状况可以用"百里不见炊烟起，唯有黄沙扑空城"来形容。

"黄河宁，天下平"。从某种意义上讲，中华民族治理黄河的历史也是一部治国史。自古以来，从大禹治水到潘季驯"束水攻沙"，从汉武帝"瓠子堵口"到康熙帝把"河务、漕运"刻在宫廷的柱子上，中华民族始终在同黄河水旱灾害作斗争。但是，长期以来，受生产力水平和社会制度的制约，再加上人为破坏，黄河屡治屡决的局面始终没有从根本上改观，黄河沿岸人民的美好愿望一直难以实现。

山西省大同市右玉县西山（刘俊 摄）

尽管新中国治黄工作取得了显著成效，但黄河流域一些突出困难和问题仍然存在。

一是洪水风险依然是流域的最大威胁。小浪底水库调水调沙后续动力不足，水沙调控体系的整体合力无法充分发挥。下游防洪短板突出，洪水预见期短、威胁大；"地上悬河"形势严峻，下游地上悬河长达 800 千米，上游宁蒙河段淤积形成新悬河，现状河床平均高出背河地面 4~6 米，其中，新乡市河段高于地面 20 米；299 千米游荡性河段河势未完全控制，危及大堤安全。下游滩区既是黄河滞洪沉沙的场所，也是 190 万群众赖以生存的家园，防洪运用和经济发展矛盾长期存在。河南、山东居民迁建规划实施后，仍有近百万人生活在洪水威胁中。

二是流域生态环境脆弱。黄河上游局部地区生态系统退化，水源涵养功能降低；中游水土流失严重，汾河等支流污染问题突出；下游生态流量偏低，一些地方河口湿地萎缩。黄河流域面临工业、城镇生活和农业面源三方面污染，加之尾矿库污染，使得 2018 年黄河 137 个水质断面中，劣 V 类水占比达 12.4%，明显高于全国 6.7% 的平均水平。

三是水资源保障形势严峻。黄河水资源总量不到长江的 7%，人均占有量仅为全国平均水平的 27%。水资源利用较为粗放，农业用水效率不高，水资源开发利用率高达 80%，远超一般流域 40% 生态警戒线。"君不见黄河之水天上来，奔流到海不复回"的景象曾经何等壮观，而如今却要花费很大力气才能保持黄河不断流。

四是发展质量有待提高。黄河上中游 7 个省（自治区）是发展不充分地区，同东部地区及长江流域相比存在明显差距，传统产业转型升级步伐滞后，内生动力不足，源头的青海玉树藏族自治州与入海口的山东东营市人均地区生产总值相差超过 10 倍。对外开放程度低，9 个省（自治区）货物进出口总额仅占全国的 12.3%。脱贫前，全国 14 个集中连片特困地区有 5 个涉及黄河流域。

（三）治理历史及成效

治理黄河，兴修水利，历史悠久。中国最早的灌溉工程，首推黄河流域的淲池（在今陕西省咸阳西南），《诗经》中有"淲池北流，浸彼稻田"的记载。到了战国初期，黄河流域开始出现大型引水灌溉工程。公元前 422 年，西门豹为邺令，在当时黄河的支流漳河上修筑了引漳十二渠灌溉农田。公元

山西省大同市怀仁县金沙滩林场（刘俊 摄）

前 246 年，秦在陕西省兴建了郑国渠，引泾河水灌溉 4 万多顷（合今 21 万多公顷）"泽卤之地"，"于是关中为沃野，无凶年，秦以富强，卒并诸侯"，为秦统一中国发挥了重要作用。

汉朝对农田水利更为重视，修建六辅渠和白渠，扩大了郑国渠的灌溉面积，同时在渭河上修建了成国渠、灵轵渠等，关中地区成为全国开发最早的经济区。

为了巩固边陲，从秦、汉开始实行屯垦戍边政策，在湟水流域及沿黄河的宁蒙河套平原等地，开渠灌田，使大片荒漠变为绿洲，赢得了"塞上江南"的赞誉。

为了保证长安、洛阳、开封等京都的供水，黄河中下游的水运开发历史也很悠久。

大禹治水的功绩，也包括治理黄河，大河上下，几乎到处都有大禹的"神工"。春秋战国以后，治河的文献记载逐渐增多，留存下来大量珍贵的史料。

早在春秋战国时期，黄河下游已普遍修筑堤防。公元前 651 年，春秋五霸之一的齐桓公"会诸侯于葵丘"，提出"无曲防"的禁令，解决诸侯国之间修筑堤防的纠纷。在此后漫长的历史时期，伴随着黄河频繁的决溢改道，防御黄河水患成为历代王朝的大事，投入大量人力、财力，不断堵口、修防。西汉时期，已专设有"河堤使者""河堤谒者"等官职，沿河郡县长官都有防守河堤的职责，设有专职防守河堤人员，约数千人，"濒河十郡，治堤岁费且万万"，河防工程已达到相当的规模。据《汉书·沟洫志》记载，淇水口（今滑县西南）上下，黄河已成"地上河"，堤身"高四五丈"（约合9~11米），堤防也很高。《史记·河渠书》中记载，公元前109年，汉武帝令"汲仁、郭昌发卒数万人塞瓠子决"，并亲率臣僚到现场参加堵口，说明当时黄河堵口已经是相当浩大的工程。史书记载最早的一次大规模治河工程是公元69年"王景治河"，"永平十二年，议修汴渠"，"遂发卒数十万，遣景与王吴修渠筑堤，自荥阳东至千乘海口千里"，"永平十三年夏四月，汴渠成……诏曰：'……今既筑堤、理渠、绝水、立门，河、汴分流，复其旧迹'"，"景虽节省役费，然犹以百亿计"。此次治河扼制了黄河南侵，恢复了汴渠的漕运，取得了良好的效果。

北宋建都开封，当时黄河水患严重，宋王朝对治河很重视，设置了权限较大的都水监，专管治河，沿河地方官员都重视河事，并在各州设河堤判官专管河事，朝廷重臣多参与治河方略的商议。这个时期，治河问题引起了很多人的探讨，加深了对黄河河情、水情的认识，河工技术有了很大进步，特别是王安石主持开展机械浚河、引黄、引汴发展淤灌等，在治黄技术上有不少创新。

明代以后，随着社会经济发展和黄河决溢灾害加重，朝廷更加重视治河，治河机构逐渐完备。明代治河，以工部为主管，设总理河道官职直接负责，以后的总理河道又加上提督军务职衔，可以直接指挥军队，沿河各省巡抚以下地方官吏也都负有治河职责，逐步加强了下游河务的统一管理。清代河道总督权限更大，直接受命于朝廷。明末清初，治河事业有了很大发展，堤防修守及管理维护技术都有了长足进步，涌现了以潘季驯、靳辅为代表的一批卓有成效的治河专家。清朝末年及民国期间，战乱不断，国政衰败，治河也陷于停滞状态。近代以李仪祉、张含英为代表的水利专家，大力倡导引进西方先进技术，研究全面治理黄河的方略，但受社会经济条件制约，始终难有建树。

纵观治黄历史，在新中国成立以前，所谓治河实际上只局限于黄河下游，而且主要是被动地防御洪灾。但是，悠久的治河历史留下了浩繁的文献典籍，为世界上其他河流所罕见。

二、新中国成立后黄河治理工作

新中国成立后，党和国家对治理开发黄河极为重视，把它作为国家的一件大事列入重要议事日程。在党中央的坚强领导下，沿黄军民和黄河建设者开展了大规模的黄河治理保护工作，取得了举世瞩目的成就。

从 1949 年开始，中央政府启动治黄工作。1950 年 1 月 25 日，中央人民政府决定黄河水利委员会为流域性机构。1954 年 10 月底提出《黄河综合利用规划》。1984 年，经国务院批准，国家计委下达了《关于黄河治理开发规划修订任务书》，于 1996 年初完成了《黄河治理开发规划纲要》的编制工作。

新中国的治黄工作，比过去有了质的飞跃。从一开始就按照全面规划、统筹安排、标本兼治、除害兴利的路线，全面开展流域的治理开发，有计划地安排重大工程建设。充分发挥制度优势，中央各有关部门、地方各级政府和广大人民群众，齐心协力参加治黄工作，依靠林草植被流域治理和科学技术进步治理黄河。经过将近半个世纪的建设，黄河上中下游都开展了不同程度的治理开发，基本形成了"上拦下排、两岸分滞"蓄泄兼筹的防洪工程体系，建成了三门峡等干支流防洪水库和北金堤、东平湖等平原蓄滞洪工程，加高加固了下游两岸堤防，开展河道整治，逐步完善了非工程防洪措施，黄河的洪水得到一定程度的控制，防洪能力比过去显著提高。在黄河上中游黄土高原地区，广泛开展了水土保持建设，采取林草植被生物措施与工程措施相互配合、治坡与治沟并举的办法，治理水土流失取得明显成效。截至 1995 年年底，累计兴修梯田、条田、沟坝地等基本农田 517 万公顷，造林 787 万公顷，兴建治沟骨干工程 854 座，淤地坝 10 万余座，沟道防护及小型蓄水保土工程 400 多万处，一些地区的生产条件和生态环境开始有所改善，输入黄河的泥沙逐步减少。依靠这些工程措施和广大军民的严密防守，黄河伏秋大汛连续 50 年没有发生洪水决溢的灾害，扭转了历史上黄河频繁决口改道的险恶局面，保障了黄淮海广大平原地区的安全和稳定发展。黄河的水资源在上中下游都得到了较好的开发利用，综合效益日益凸显：流域内已建成大中小型水库 3147 座，总库容 574 亿立方米，引水工程 4500 处，黄河流域及下游引黄灌区的灌溉面积由 1950 年的 80 万公顷发展到 1995 年的 713 万公顷，流域内河谷川地基本实现水利化，黄河供水范围还扩展到海河、淮河平原地区。1957 年在黄河干流上开工兴建黄河第一坝——三门峡大坝，此后，相继建成了刘家峡、龙羊峡、盐锅峡、八盘峡、青铜峡、三盛公、天桥、小浪底和万家寨等水利枢纽和水电站。已建、在建的干流工程总库容 563 亿立方米，发电装机容量 900 多万千瓦，年平均发电量 336 亿千瓦时，约占黄河干流可开发水力资源的 29%。这些水利水电工程在防洪、防凌、减少河道淤积、灌溉、城市及工业供水、发电等方面都发挥了巨大的综合效益，促进了沿黄地区经济和社会的发展。人民治黄 50 年，除害兴利成效显著，取得了令世人瞩目的伟大成绩，充分体现了社会主义制度的优越性。

　　一是水沙治理取得显著成效。防洪减灾体系基本建成，保障了伏秋大汛岁岁安澜，确保了人民生命财产安全。龙羊峡、小浪底等大型水利工程充分发挥作用，河道萎缩态势初步遏制，黄河含沙量近 20 年累计下降超过八成。

山西省忻州市宁武县管涔山国有林区（刘俊 摄）

山西省忻州市宁武县管涔山国有林区（刘俊 摄）

实施水资源消耗总量和强度双控，流域用水增长过快局面得到有效控制，入渤海水量年均增加约 10%，通过引调水工程为华北地区提供了水源，有力支撑了经济社会的可持续发展。

二是生态环境持续明显向好。水土流失综合防治成效显著，生态环境明显改善。三江源等重大生态保护和修复工程加快实施，上游水源涵养能力稳定提升。中游黄土高原蓄水保土能力显著增强，实现了"人进沙退"的治沙奇迹，库布齐沙漠植被覆盖率达到 53%。下游河口湿地面积逐年回升，生物多样性明显增加。

三是发展水平不断提升。郑州、西安、济南等中心城市和中原等城市群建设加快，全国重要的农牧业生产基地和能源基地的地位进一步得到巩固，新的经济增长点不断涌现。2014 年以来，沿黄河 9 个省（自治区）1547 万人摆脱了贫困，滩区居民迁建工程加快推进，百姓生活得到显著改善。

三、山水林田湖草沙系统治理

党的十八大以来，党中央着眼于生态文明建设全局，明确了"节水优先、空间均衡、系统治理、两手发力"的治水思路，黄河流域经济社会发展和百姓生活发生了很大的变化。

2019年9月，习近平总书记在黄河流域生态保护和高质量发展座谈会上强调："加强生态环境保护。黄河生态系统是一个有机整体，要充分考虑上中下游的差异。上游要以三江源、祁连山、甘南黄河上游水源涵养区等为重点，推进实施一批重大生态保护修复和建设工程，提升水源涵养能力。中游要突出抓好水土保持和污染治理。水土保持不是简单挖几个坑种几棵树，黄土高原降雨量少，能不能种树，种什么树合适，要搞清楚再干。有条件的地方要大力建设旱作梯田、淤地坝等，有的地方则要以自然恢复为主，减少人为干扰，逐步改善局部小气候。对汾河等污染严重的支流，则要下大力气推进治理。下游的黄河三角洲是我国暖温带最完整的湿地生态系统，要做好保护工作，促进河流生态系统健康，提高生物多样性。""保护、传承、弘扬黄河文化。黄河文化是中华文明的重要组成部分，是中华民族的根和魂。要推进黄河文化遗产的系统保护，守好老祖宗留给我们的宝贵遗产。要深入挖掘黄河文化蕴含的时代价值，讲好'黄河故事'，延续历史文脉，坚定文化自信，为实现中华民族伟大复兴的中国梦凝聚精神力量。"

黄河流域9个省（自治区），按照山水林田湖草沙综合治理的理念，全面开展流域综合治理工作，初步逆转了黄河流域延续了几千年的生态退化趋势。2021年，国家林业和草原局组织开展了黄河流域国家级自然保护区管理成效评估，评估对象为黄河流域所在省份（不包含四川）的82个国家级自然保护区，评估面积占评估区域国土面积的3%，但覆盖了全国陆地26%的国家重点保护野生动物物种、14%的重点保护植物物种，覆盖了区域32%的自然生态系统类型，以及青海湖、黄河三角洲等6处国际重要湿地（占评估区域国际重要湿地的50%）。评估结果显示，黄河流域97.6%的保护区设有专门的管理部门并建立了较全面的规章制度，23.2%的保护区开展了一区一法建设。92.7%的保护区建立了标桩标识、保护站、巡护道路、林火及病虫害预警网络、野生动物救助等基础设施。89%的保护区建立了长期固定监测样地并定期复查，98.8%的保护区近10年内开展过科学考察或专项调查，39%的保护区在近5年内积极开展"天空地一体化"监测网络体系等信息化、智能化建设。评估期内，40.2%的保护区主要保护对象状况改善较为明显，中华秋沙鸭、细鳞鲑等珍稀濒危动物种群数量有所增加，雪豹、林麝、华北豹等国家重点保护动物活动范围有所扩大，遗鸥、东方白鹳等指示性物种重新回归保护区并繁衍。黄河流域超 89% 的国家级自然保护区内植被盖度保持稳定或有所提升，5 年内平均植被盖度增加了 2.7 个百分点。保护区内生态系统的水源涵养、碳固定能力分别为区域平均水平的 1.6 倍和 1.7 倍，水源涵养、土壤保持和碳固定等生态功能稳步提升，黄河流域上游水源涵养能力得以巩固，下游湿地萎缩现象整体有所减少。

（一）青海省

青海是生物多样性最具代表性的区域，珍藏着世界上最完整、最动人的生命序列。独特的生态系统，不但对中国、对东亚甚至对北半球的大气环流有着极其重要的影响，而且直接影响着我国天气、气候的形成和演变。青海省位于我国西北部内陆腹地，青藏高原东北部，是青藏高原的重要组成部分。青藏高原是世界最大、海拔最高的高原，被称为"世界屋脊"和地球"第三极"，有喜马拉雅山、昆仑山、阿尔金山、祁连山、喀喇昆仑山、横断山脉和唐古拉山等山脉。在昆仑山脉、祁连山脉与阿尔金山脉之间形成中国四大盆地之一的柴达木高原盆地，以及在高原东北隅形成的青海湖，构成青南高原、柴达木盆地、祁连山地、青海湖盆地和湟水谷地五大生态板块。连绵的

山西省忻州市宁武县管涔山国有林区的油松和桦树混交林（刘俊　摄）

冰川和雪山使青海成为中国最著名的三大江河——黄河、长江和澜沧江的发源地；高山大川之间河流密布，湖泊与沼泽众多，是国内湿地面积最大、分布最为集中的地区之一；高寒草原、灌丛和森林等生态系统，被联合国教科文组织誉为世界四大无公害超净区之一。青海地跨黄河、长江、澜沧江、黑河四大水系，兼具青藏高原、内陆干旱盆地、黄土高原 3 种地形地貌。"三江源"素有"中华水塔"的美誉，在维护国家生态安全中具有不可替代的重要地位。青海省天然林资源主要分布在长江、黄河、澜沧江、黑河流域高山峡谷地带，海拔 3200~4000 米，是青藏高原高寒森林生态系统的重要组成部分，也是"中华水塔"重要的生态安全屏障，发挥着涵养水源、水土保持、防风固沙、调节气候、防灾减灾、维持生物多样性等多种生态功能。

青海省历史上有丰富的森林资源。据考古资料记载：在距今 7000 年左右的贵南县石器遗址中有木炭；在距今 6000 年前的乐都遗址中有独木棺材；在距今 2795±115 年间周厉王时代的诺木洪遗址中有车毂出现，说明青海省在数千年前就开始了森林的利用。据《后汉书·西羌传》载："河、湟间少五谷，多禽兽，以射猎为事。"明万历二十年（1592 年）前后，西宁附近依然是树木葱葱，其北山设炼铁厂用木炭炼铁。明清以后，由于垦殖采伐日盛，森林面积逐年减少。从清末直到 1949 年近 40 年间，青海森林受到极大破坏，民国 4 年（1915 年），有大批贩者入大通河林区伐木，运往兰州出售；民国 28 年（1939 年），军阀马步芳成立"德兴海"商行兼伐木场，管理大通、祁连、同仁、贵德等地天然林的开采、运销，由大通河、湟水、黄河水运到兰州、宁夏出售。到 1949 年，大通河两岸已无一处完整片林。

自"三北"防护林体系建设工程实施以来，青海通过近 40 年的艰苦奋斗和不懈努力，相继完成一期、二期、三期、四期工程建设任务，共营造水土保持林

20 万公顷，治理水土流失面积 79.67 万公顷，控制水土流失 5486 平方千米，占建设区水土流失面积的 20% 以上。共完成人工造林 88.95 万公顷，封山育林 104.05 万公顷，有效增加了林地面积，全省"三北"地区的森林覆盖率由 1978 年的 2.47% 提高到 2018 年的 6.3%，增加了 3.83 个百分点。经过治理的丘陵山区基本实现洪水不下山、泥流不出沟、暴雨不成灾、粮食不减产。青海每年可减少 8230 万吨泥沙流入江河，减少了泥沙在下游河道、水库的淤积，与此同时也减少了土壤养分流失。据测算，青海省"三北"工程区年均粮食增产总量达 1.67 万吨。工程建设取得阶段性成效，工程区内荒漠化趋势得到整体遏制，水土流失得到有效控制，生态环境得到明显改善，沙产业得到较好发展。目前，青海省"三北"地区林地总面积超过 330 万公顷，活立木蓄积量增加到 2858.7 万立方米。"三北"工程区的生态面貌发生了极大变化，改变了青海局部地区的气候条件。全省荒漠化面积和沙化面积呈现"双下降"态势，柴达木盆地、三江源地区沙化土地面积总体减少，沙化程度降低；共和盆地、环青海湖地区沙化程度持续逆转，总体上实现从"沙进人退"到"人进沙退"、从扩展到缩减的跨越式转变。目前，青海湿地面积达 814.36 万公顷，占全国湿地总面积的 15.19%，居全国第一。1992 年，青海湖鸟岛列入国际重要湿地名录；2005 年，扎陵湖、鄂陵湖列入国际重要湿地名录。青海共有 19 处国家湿地公园，总面积达 32.5 万公顷。青海省荒漠化土地面积 1913.8 万公顷，占青海国土总面积的 26.7%，占荒漠化监测区面积 2222.1 万公顷的 86.1%。

　　党的十八大后，青海立足"青海最大的价值在生态、最大的责任在生态、最大的潜力也在生态"省情定位，坚持生态优先，推动高质量发展，创造高品质生活，推动建成中国生态文明先行示范区，"中华水塔""大美青海"、绿色循环低碳成为发展常态，制订了《青海省生态文明制度建设总体方案》《青海省生态文明建设促进条例》《青海省创建全国生态文明先行区行动方案》等，具有青海特色的生态文明制度体系基本建立。编制实施《青海省主体功能区规划》，将全省国土面积的 90% 列入限制开发区和禁止开发区，并逐步健全了相配套的重点生态功能区转移支付、森林生态效益补偿、草原生态保护补助奖励、湿地生态效益补偿等政策体系。生态保护网络越织越牢，全力推进以国家公园为主体、各类自然保护区为基础、各类自然公园为补充的自然保护地体系。设立了三江源、祁连山两个国家公园，11 个自然保护区，以及包括森林公园、沙漠公园、湿地公园、地质公园、世界自然遗产地等在内的各类自然保护地 217 处，总面积达 25 万平方千米，覆盖全省国土面积的 35%，形成了生态保护建设新的时空格局，实现了对重要自然生态系统的有效保护。生态保育成效显著，草原生态系统功能逐步恢复。2014 年以来，草原植被盖度由 50.17% 提高到 56.8%，产草量从每公顷 2385 千克提高到 2925 千克。森林生态系统功能不断提高，森林质量稳步提升。湿地生态系统面积明显增加，三江源区湿地面积由 3.9 万平方千米增加到近 5 万平方千米，20 世纪 60 年代消失的千湖竞流景观再现三江源头。2018 年，青海湖面积达到 4563.88 平方千米，较 2004 年扩大了 319.38 平方千米。全省湿地面积达到 813.33 万公顷，位居全国第一。荒漠生态系统面积持续缩减，第五次荒漠化和沙化监测显示，荒漠化土地年均减少 1 万公顷，沙化土地年均减少 1.14 万公顷，重点沙区实现了从"沙逼人退"到"绿进沙退"的历史性转变。生物多样性显著增加，雪豹、普氏原羚、藏羚羊、野牦牛、藏野驴、黑颈鹤等珍稀濒危物种种群数量逐年增加，藏羚羊由 20 世纪 90 年代的不足 3 万只恢复到现在的 7 万多只，普氏原羚从 300 多只恢复到 2000 多只，青海湖鸟类种数由 20 世纪 90 年代的 189 种增加到 223 种。青海成为青藏高原生物多样性最

新疆雪山树林（晋翠萍 摄）

丰富、最完整的生物基因库及最大的高原种质库。

生态环境质量总体保持稳定，2018 年环境空气质量优良天数比例为 94.6%，较年度目标高 6.6 个百分点，主要城市西宁、海东空气质量优良天数比例为 83.4%，较年度目标高 5.4 个百分点；地表水水质达到或优于Ⅲ类，优良比例达到 94.7%，劣 V 类水质比例为 0；县级以上城镇集中式饮用水水源地水质全部达到或优于Ⅲ类，县级以上集中式饮用水水源地水质达标率达到 100%。

据 2014—2018 年森林资源清查统计，青海省森林面积 419.75 万公顷，森林覆盖率 5.82%，活立木蓄积量 5556.86 万立方米，森林蓄积量 4864.15 万立方米，每公顷蓄积量 115.43 立方米，森林植被总生物量 11240.85 万吨，总碳储量 5580.57 万吨。根据 2018 年 7 月 18 日国务院新闻办公室发表的《青藏高原生态文明建设状况》白皮书：经过长期不懈努力，青海生态文明建设成效逐步显现，森林生态系统功能不断提高，草原生态系统功能有效恢复，湿地生态系统面积明显增加，荒漠生态系统面积持续缩减，生物多样性得到保护，环境质量全面改善，生态文明理念深入人心，为筑牢国家生态安全屏障和确保"一江清水向东流"作出了青海贡献。

（二）四川省

四川地处长江上游，黄河源头，幅员辽阔，占地面积 48.6 万平方千米，生物多样性丰富，拥有森林、草原、湿地、荒漠等生态系统，是全球 34 个生物多样性热点地区之一。四川位于中国大陆地势三大阶梯中的第一阶梯青藏高原和第二阶梯长江中下游平原的过渡地带，地形地貌复杂多样，地势西高东低，由山地、丘陵、平原、盆地和高原构成；分属三大气候类型，分别为四川盆地中亚热带湿润气候、川西南山地亚热带半湿润气候、川西北高山高原高寒气候；整体环境清新，气候宜人，历来有"天府之国"的美誉。

四川历史上森林资源丰富。据在安宁河上游冕宁发现的"古森林"研究证实，距今 6000 年前，是以云南铁杉、丽江铁杉、黄杉、云南松、华山松等针叶林，以及石栎、木荷、桦木等阔叶树种组成的针阔混交林。《史记·货殖列传》中有巴蜀地饶"竹木之器"的记载。晋代左思《蜀都赋》提到四川森林茂密，而且"夹江傍山"十分普遍。进入唐、宋时期，四川经历贞观之治、开元盛世，大兴土木，发展经济，提倡农垦，使得四川盆地、丘陵的原始森林遭到严重破坏而基本消失。在广开畲田、梯田，发展农业的同时，桑、茶、果、竹以及经济林也有所发展。安史之乱及宋末战乱时期，四川偏远山区森林受到一定程度的摧残。而东南山区人烟稀少，森林植被保存完好。明清时期，大修宫殿，四川是采木基地之一。民国时期，特别是抗日战争期间，森林采伐遍及北川、汶川、峨边、马边等县，森林和植被遭到严重破坏。

1949 年以来，四川省林业发展较快，到 1985 年，全省造林保存面积达333.3 万公顷，迹地更新保存面积 22 万公顷。为了保存大熊猫、银杉等珍稀动植物，从 1963 年起，先后建立自然保护区 15 个，面积达 47.68 万公顷。据 1977—1981 年森林资源清查统计，四川省森林面积为 681.08 万公顷，森林覆盖率 12%，活立木总蓄积量 115292.83 万立方米。据 2014—2018 年森林资源清查统计，四川省森林面积为 1839.77 万公顷，森林覆盖率 38.03%，活立木蓄积量 197201.77 万立方米，森林蓄积量 186099 万立方米，每公顷蓄积量 139.67 立方米，森林植被总生物量 150386.79 万吨，总碳储量 71582.45万吨。

党的十八大以来，四川将建设长江上游生态屏障、维护国家生态安全放在生态文明建设的首要位置，不断筑牢长江上游生态屏障，四川生态文明建设取得明显成效。2018 年 9 月 26 日，在第六届深圳国际低碳城论坛上，四川成都与法国里昂、广东深圳一起，获得联合国颁发的"全球绿色低碳领域先锋城市蓝天奖"。中国第四次大熊猫调查数据显示，四川野生大熊猫数量从20 世纪 80 年代的 909 只恢复到 1387 只，增长了 52.6%，主要栖息地已纳入第一批大熊猫国家公园。2018 年，全省森林和湿地生态服务价值达到 1.9 万亿元，生态安全屏障更加牢固，美丽四川本底更加厚实。在广大农村，人居环境也逐步改善，彝家新寨、藏区新居、巴山新居、乌蒙新村、环境优美示范村和幸福美丽新村装点着多彩的巴蜀大地。四川省已成为中国第二大林区，林地总面积 2467 万公顷，森林面积 1927 万公顷，林地面积位列全国第三位，森林面积位列第四位，森林蓄积量位列全国第三位。四川是中国第五大牧区，草原面积 2087 万公顷，占四川面积的 43%；可利用天然草原面积 1767 万公顷，占四川草原总面积的 84.7%，综合植被覆盖度为 85.6%。四川天然草原集中分布在甘孜、阿坝、凉山 3 个民族自治州，对于涵养长江黄河水源、维护生态安全具有十分重要的战略意义。四川草原资源类型多样，共有 11 类 35组 126 个型，其中，禾本科植物 355 种，豆科植物 213 种。四川被誉为"千河之省"，是长江经济带中湿地面积最大的内陆省，涵养长江流域 30% 的水量，补给黄河上游 13% 的水量，湿地生态系统多样性丰富，拥有沼泽、湖泊、河流、库塘等多种类型湿地。四川湿地总面积 174.77 万公顷，其中，自然湿地面积 166.55 万公顷，人工湿地面积 8.22 万公顷。湿地内生存的国家一、二级重点保护野生动物 36 种，国家一、二级重点保护野生植物 5 种。世界上近 10% 的野生黑颈鹤生活在若尔盖湿地，具有重要的生物多样性保护意义。四川省分布的重点保护野生脊椎动物共 347 种，包括国家级 268 种，四川省级 79 种。其中，国家一级保护野生动物 59 种，国家二级保护野生动物 209 种。四川是国宝大熊猫的模式标本产地和现代分布中心，现有野生大熊猫 1387 只，人工圈养大熊猫 521 只，分别占全国总数的 74.4% 和 86.8%。多年来，在大熊猫人工繁育领域一直保持领先地位，大熊猫种群数量、栖息地面积、野化培训和放归自然大熊猫数量均居全国第一。四川天然原生的国家重点保护野生植物有 232 种，其中，国家一级保护野生植物 12 种，国家二级保护野生植物 220 种。国内外享誉盛名的杜鹃，全世界约有 900 余种，中国约有 600 余种，四川约有 180 余种，占全国所有种数的 35% 以上，占世界种数的 20% 以上，且四川分布的杜鹃多属狭域分布的稀有种，90% 以上为中国特有种。

（三）甘肃省

甘肃地处黄河上游，是古丝绸之路的锁匙之地和黄金路段，它像一块宝玉，镶嵌在中国中部的黄土高原、青藏高原和内蒙古高原上，东西蜿蜒 1600 多千米，土地总面积为 42.59 万平方千米。甘肃海拔大多在 1000 米以上，境内地势起伏、山岭连绵、江河奔流，地形复杂，生物多样性丰富。绵延的黄土高原、广袤的草原、茫茫的戈壁、洁白的冰川，构成了一幅雄浑壮丽的画面，整个地形宛如一柄"玉如意"。

甘肃在历史上是个森林茂密、草原肥美、林牧发达的地方。在古代，森林面积约占全省面积的 1/3，整个陇南、祁连山地、甘南大部和陇东、陇中的山地均为原始森林所覆盖。据《汉书》记载："天水、陇西山多林木，民以板为室屋。"又载祁连山"多松柏五木"。直到宋代，通渭、陇西县境内仍有大面积的原始森林，每年仅运往开封的大木料就有上万根。明代有人曾以"天晴万树排高浪""绝顶青青立马看"的诗句来赞咏兰州皋兰山的丰富森林。但是后来由于人口的迅速增长和不合理的樵、牧、开垦，大大加速了森林的破坏。

　　1949 年以后，甘肃省林业发展较快。1952—1957 年，在定西与民勤建立了两个林业实验场，研究干旱与沙漠戈壁地区的治沙造林技术并进行推广。20 世纪 60 年代以来，洮河林区贯彻以营林为基础的方针，研究云杉、冷杉林的经营，采取采、育、护相结合的措施，摸索出了一套综合抚育的方法，全林区虽然采伐了 20 多年，但至今森林面积未减，森林环境未变，基本上做到"青山常在，永续利用"。自 1979 年起，甘肃在黄土丘陵沟壑水土流失区和河西走廊的风沙沿线开始了"三北"防护林体系工程建设，截至 1985 年年底，完成了第一期工程，造林保存面积 52.5 万公顷。全省已有 31.7 万公顷的农田实现了林网化，共建立 17 个自然保护区。

　　党的十八大以来，甘肃按照系统治理的思路，坚持标本兼治，在集中整治生态问题的同时，积极做好转方式、调结构的文章，大力发展绿色生态产业，逐步走上绿色发展崛起之路，"绿水青山就是金山银山"的理念更加深入人心。据 2014—2018 年森林资源清查统计，甘肃省森林面积共 509.73 万公顷，森林覆盖率 11.33%，活立木蓄积量 28386.88 万立方米，森林蓄积量 25188.89 万立方米，每公顷蓄积量 95.45 立方米，森林植被总生物量 32302.10 万吨，总碳储量 15789.07 万吨。草原面积共 1787 万公顷，其中可利用草原面积 1607 万公顷，居全国第六位。草原是甘肃省内面积最大的陆地生态系统，主要分布于甘南高原、祁连山—阿尔金山及北部沙漠沿线一带，主要草原类型有高寒灌丛草甸、温性草原、高寒草原、温性草甸草原、高寒草甸、低平地草甸、暖性草丛等 14 类 88 个草地型，草原植被盖度为 52.9%。

　　甘肃是长江、黄河和主要内陆河流的重要水源涵养区，承担着我国主要江河源头水源保护、涵养、防风固沙和生物多样性保护等重要生态功能。甘肃分布有河流湿地、湖泊湿地、沼泽湿地和人工湿地等多种类型的湿地 169.39 万公顷，湿地面积占甘肃国土面积的 3.98%，有尕海、张掖黑河、盐池湾党河湿地等国际重要湿地。甘肃省共有国家湿地公园 12 处，总面积达 2.48 万公顷。现有陆生脊椎动物 845 种，国家重点保护野生动物 116 种，省级重点保护陆生野生动物 21 种，重要的珍稀野生动物有大熊猫、金丝猴、雪豹等。共分布有高等植物 4000 余种，其中属国家重点保护植物的有 34 种，包括一级保护野生植物发菜、红豆杉、南方红豆杉、珙桐、光叶珙桐、独叶草、银杏、水杉 8 种，二级保护野生植物 26 种，主要有秦岭冷杉、连香树、红豆树、水青树、野大豆、虫草等。被列入《濒危野生动植物种国际贸易公约》的野生植物有 90 余种，主要有红豆杉、肉苁蓉及兰科植物等。

甘肃是我国首批国家公园之一——祁连山国家公园所在地。祁连山国家公园地处甘肃、青海两省交界处，是国家重点生态功能区之一，承担着维护青藏高原生态平衡，阻止腾格里、巴丹吉林和库姆塔格三大沙漠南侵，保障黄河和河西内陆河径流补给的重任，在国家生态建设中具有十分重要的战略地位。祁连山国家公园总面积为 5.02 万平方千米，其中，甘肃省片区面积 3.44 万平方千米，占总面积的 68.5%，涉及肃北蒙古族自治县、阿克塞哈萨克族自治县、肃南裕固族自治县、民乐县、永昌县、天祝藏族自治县、凉州区 7 个县（区），包括祁连山国家级自然保护区、盐池湾国家级自然保护区、天祝三峡国家森林公园、马蹄寺省级森林公园、冰沟河省级森林公园等保护地及中农发山丹马场、甘肃农垦集团。

祁连山是我国 35 个生物多样性保护优先区之一、世界高寒种质资源库和野生动物迁徙的重要廊道，是野牦牛、藏野驴、白唇鹿、岩羊、冬虫夏草、雪莲等珍稀濒危野生动植物物种的栖息地及分布区，特别是中亚山地生物多样性旗舰物种雪豹的良好栖息地，有野生脊椎动物 294 种，高等植物 1311 种。祁连山共有冰川 2683 条，面积达 1597.81 平方千米。多年平均冰川融水量为 9.9 亿立方米，年出山径流量约为 72.64 亿立方米，灌溉了河西走廊和内蒙古额济纳旗 7 万多公顷农田，滋润了 120 万公顷林地和 620 万公顷草地，为

四川泸州市石山种植的针叶树（胡培兴 摄）

甘肃定西梯田绿化（文俊峰 摄）

山西省忻州市五台县五台山（刘俊 摄）

700 多万头牲畜和 600 多万人民提供生产生活用水，是河西走廊乃至西部地区生存与发展的命脉，也是"一带一路"重要的经济通道和战略走廊，承载着联通东西、维护民族团结的重大战略任务。

（四）宁夏回族自治区

宁夏回族自治区位于中国西北内陆，地处黄河中上游地区及沙漠与黄土高原的交接地带，东邻陕西，南接甘肃，西、北与内蒙古自治区接壤，总面积 6.6 万多平方千米，占全国土地总面积的 0.69%。现有自然保护地 58 处，其中，国家级 33 处，自治区级 25 处，包括自然保护区、湿地公园、森林公园、沙漠公园、地质公园、矿山公园、自然保护点 7 种类型。打开中国地图，细看黄河流域，宁夏是唯一一个全境属于黄河流域的省份。特殊的生态区位，以及其所处中国重要生态屏障和生态通道的独特生态地位，决定了宁夏担负维护西北乃至全国生态安全的使命。

据历史考证，古代宁夏是森林、灌丛、草原广覆的地区，特别是宁夏南部，更是森林茂密。2000 多年前，六盘山一带"其木多棕，其草多竹"。因森林多、植被好、人口又少，所以"山多林木，民以板为室屋"，沿袭久远而不衰。秦汉时期，在宁夏北部屯垦，使贺兰山与罗山森林遭到破坏。到了唐代，贺兰山原始森林仍相当茂盛。西夏国的 200 年（1032—1227 年），因政治、军事、经济和文化建设的种种原因，宁夏森林遭到严重破坏。宋代张舜民曾以诗篇发出保护森林的呼吁："灵洲城下千棵柳，总被官军砍做薪，他日玉关旧路去，将何攀折赠行人。"清代后期，贺兰山出现了专门的采伐行业——砍手，一直延续到 1949 年。"砍手"的从业人员达 600 人之多，使该地森林又一次遭到严重破坏。每年因水土流失输入黄河的泥沙约为 1 亿吨，是全国水土流失最严重的省份之一。宁夏南部山区黄土丘陵沟壑纵横，水力侵蚀严重；中北部又受腾格里沙漠、乌兰布和沙漠、毛乌素沙漠的三面夹击，风蚀沙化严重。

宁夏的林业建设实际上从 1958 年开始，到 1980 年，在毛乌素沙区治沙造林 1.3 万公顷。中卫县绿化造林 5400 公顷，林带总长 1500 余千米，不但提供了大量的民用材，而且保护了农田，使粮食增产 40%。该县的沙坡头铁路固沙，以确保包兰铁路平安通过腾格里沙漠而闻名。在南部的黄土高原区，沟深谷长，植被稀少，水土流失严重，截至 1980 年，营造水土保持林 2 万多公顷。联合国援建的西吉防护林工程，在 1982—1985 年共造林 5.28 万公顷，种草 5.13 万公顷，全县林草覆盖率达到 31.7%，基本解决了全县烧柴问题，土壤侵蚀量减少 62.4%。

自治区成立以来，1978 年前，林业生态建设在曲折中前行。1978—1995 年，"三北"防护林建设工程实施，宁夏全境被规划为工程重点之后，采取了一系列措施，宁夏的林业开始步入蓬勃发展的黄金时代。20 世纪 90 年代以后，宁夏进一步扩大治理规模，加大农林牧综合治理的力度，在南部山区实行山、水、田、林、路小流域综合治理，控制水土流失；在中部沙区，开展沙漠化综合治理，营造沙漠绿洲。2005 年后，宁夏各级政府牢固树立抓生态建设就是抓发展的理念，加快了造林绿化的步伐，全区林业生态建设取得了显著成就。截至 2017 年年底，全区林地保有量达 189 万公顷，占全区国土总面积的 35%。湿地面积达 21 万公顷，建成国家级自然保护区 6 个、湿地公园 24 个、国有林场 90 个、市民休闲森林公园 26 个，林业及相关产业产值达到 200 亿元。

宁夏回族自治区按照中央统一部署，生态建设取得可喜成效。第五次全国荒漠化和沙化监测结果显示，全区沙化土地面积 112.5 万公顷，荒漠化土地面积 279 万公顷，连续 20 年沙化、荒漠化土地"双缩减"，实现了由"沙进人退"到"绿进沙退"的历史性转变。数字是最有力的证明。据 1977—1981 年森林资源清查统计，宁夏回族自治区森林面积为 9.51 万公顷，森林覆盖率 1.4%，活立木总蓄积量 422.16 万立方米。据 2014—2018 年森林资源清查统计，宁夏回族自治区森林面积为 65.60 万公顷，森林覆盖率 12.63%，活立木蓄积量 1111.14 万立方米，森林蓄积量 835.18 万立方米，每公顷蓄积量 48.25 立方米，森林植被总生物量 1670.11 万吨，总碳储量 814.91 万吨。宁夏 2019 年统计和监测数据表明，宁夏的水、大气、生态环境持续改善，平均优良天数比例达到 87.9%，地表水劣 Ⅴ 类水体断面实现"清零"，黄河干流宁夏段水质为优，50 个土壤监测基础点位无机及有机污染物均未超标。

宁夏生物多样性丰富度呈稳定增加态势，现分布有脊椎动物 415 种，包括国家重点保护野生动物 74 种，其中，国家一级保护动物 12 种，国家二级保护动物 62 种。共有各种野生植物 130 科 645 属 1909 种，包括国家二级保护植物 10 种。

党的十八大以来，宁夏以构筑西北生态安全屏障为目标，不断推进生态建设、环境保护、绿色发展和生态文明体制改革。2017 年，开展大规模植树造林、防沙治沙和湿地保护，全区森林面积达到 73 万公顷，退耕还林 34 万公顷；全区沙化面积减少到 112 万公顷，全区森林覆盖率达到 14%，较 2010 年提高了 2.6 个百分点；城市建成区绿地率达到 36.5%。剔除沙尘天气影响，全区空气质量优良天数比例达到 81.4%。水环境质量明显改善，黄河干流宁夏出境断面首次达到 Ⅱ 类优水质，黄河流域 15 个国控断面水质优良比例达到 73.3%，同比提升 6.7 个百分点。水土流失治理程度达到 50.64%；湿地面积达到 310 万亩，占全区国土面积 3.99%，湿地保护率达到 51%。开展保护母亲河行动，对黄河流域水污染进行综合整治，启动了 13 条重点入黄排水沟、固原五河流域、"一河两湖"（艾依河、沙湖、星海湖）等一批水环境综合治理项目建设。高标准完成空间规划（多规合一）试点任务，完成全区生态保护红线划定，成为全国首批、西北第一个完成红线划定省份。全面建立河（湖）长制，实现区、市、县、乡、村五级河长体系全覆盖。

贺兰山是宁夏的"父亲山"，为宁夏平原阻挡了沙漠、寒流的侵蚀。曾经的粗放无序开采，致使贺兰山满目疮痍，并登上了中央环保督察组的"黑名单"，现今已基本恢复了往日的风采。2016 年 7 月，习近平总书记在宁夏考察时指出："宁夏是西北地区重要的生态安全屏障，要大力加强绿色屏障建设。"2020 年 6 月，习近平总书记再次来到宁夏视察，指出"要统筹推进生态保护修复和环境治理"，并赋予宁夏努力建设黄河流域生态保护和高质量发展先行区的时代重任。对于正处在转型关键期、动能换挡期、爬坡追赶期的宁夏而言，无疑具有"里程碑"意义。宁夏把加强生态环境保护列为推动黄河流域生态保护和高质量发展的首要任务，2019 年 12 月，自治区党委作出了"守好三条生命线，走出一条高质量发展的新路子"的部署，把改善生态环境放在了"生命线"的高度谋划。2020 年 7 月，自治区党委十二届十一次全会审议通过的《关于建设黄河流域生态保护和高质量发展先行区的实施意见》，明确了构建黄河生态经济带和北部绿色发展区、中部防沙治沙区、南部水源涵养区的"一带三区"生态生产生活总体布局，抓好保障黄河安澜、保护修复生态、治理环境污染、优化资源利用、转变发展方式、完善基础设施、优化城镇布局、保障改善民生、加快生态建设、发展黄河文化 10 项重点任务。加强贺兰山、六盘山、罗山自然保护区建设，统筹推进生态修复和环境综合治理，一把尺子、一抓到底，不留漏洞、不留情面、不留后患，成为宁夏"治山"的方法论。

（五）内蒙古自治区

内蒙古自治区位于中国北部边疆，总面积 118.3 万平方千米。地貌结构复杂多样，包括山地、高原、平原、丘陵等，以高原为主，平均海拔高度在 1000 米左右。森林、草原面积均居全国首位。特殊的地理环境，造就了大草原、大森林、大河湖、大湿地、大山脉、大沙漠等独特的资源分布格局。

内蒙古是中国北方面积最大、最为重要的生物多样性资源聚集地区。其独特的自然环境格局和丰富多样的生境类型，为不同生物区系的相互交汇与融合提供了发展空间，成为现代许多物种的进化中心，也为某些古老物种提供了天然庇护场所。有各类自然保护地 8 类 342 处 1535.41 万公顷，约占自治区国土面积的 13%。同时，内蒙古自治区高原也是北方草原文化的摇篮，是中华文明的重要组成部分，是中国向北开放的重要窗口和"一带一路"建设的关键枢纽，国际地位日益彰显。

在历史上，内蒙古地区大部分是森林茂密、水草丰美的地方。据史料记载，东部的科尔沁沙地在 17 世纪时还是草丰林茂的地方，当时的清政府曾在这里设有牧场，19 世纪初在西北部山地还有松林。据《归绥识略》记载，呼和浩特北百余里内产松柏林木。在自治区中西部的黄土丘陵区，二三百年前还有不少油松、侧柏等针叶林分布。由于历代王朝的乱垦滥伐、帝国主义的掠夺，以及自然灾害等原因，森林资源遭到严重破坏，全区除大兴安岭林区尚保留大面积的原始森林外，其他广大地区缺林少树，风沙、干旱、水土流失等自然灾害日益加剧。21世纪初，全区还有沙漠戈壁3000万公顷，水土流失面积达1866万公顷，每年向黄河输入泥沙达1.8亿吨。

1949年后，内蒙古林业进入恢复发展期，到1980年，全区造林保存面积147万公顷。广大沙区通过造林种草、封沙、育林、育草、保护植被以及其他措施，已使部分流沙固定，局部地区沙化已经停止。1949—1982年，内蒙古大兴安岭林区人工更新和天然更新100万公顷。实现了林业由以原木生产为主，逐步向以营林为基础、全面经营利用森林资源的方向转变。天然次生林通过保护、封育和更新造林等措施，到1980年面积已扩大到573.3万公顷，蓄积量增加到2亿立方米，与1949年相比，无论林地面积还是林木蓄积量都增加了1倍。据2014—2018年森林资源清查统计，内蒙古自治区森林面积2614.85万公顷，森林覆盖率22.10%，活立木蓄积量166271.98万立方米，森林蓄积量152704.12万立方米，每公顷蓄积量86.95立方米，森林植被总生物量168103.75万吨，总碳储量82003.85万吨。

党的十八大以来，内蒙古强力推进天然林保护、退耕还林、京津风沙源治理、"三北"防护林体系建设、野生动植物保护和自然保护区建设等六大林业生态重点工程，生态建设以每年超过67万公顷的速度向前推进，生态已实现"整体遏制、局部好转"。目前，全区森林覆盖率提高到22.1%，森林面积和蓄积量持续"双增长"，荒漠化、沙化土地连续17年"双减少"，草原植被平均盖度已连续3年稳定在44%。2017年9月，《联合国防治荒漠化公约》第十三次缔约方大会在内蒙古成功举办，荒漠化防治工作代表国家接受了世界的检阅，为实现土地退化零增长这个世界目标提供了"中国方案"。体制改革成果显著，60%的国土面积划入生态红线保护，10.2亿亩草场纳入草原生态保护补助奖励政策，102个国有林场全面停止天然林商业性采伐；先行开展森林和湿地资源资产负债表编制试点工作，3个林场2014年森林资源资产负债表编制已经完成；开展领导干部自然资源资产离任审计，明确84项追责行为。

内蒙古天然林资源居全国之首，主要分布在内蒙古大兴安岭原始林区和大兴安岭南部山地等11片林区，森林组成结构复杂，物种多样性丰富，是内蒙古自治区生态安全的重要屏障。内蒙古珍稀野生动植物种类繁多，现有陆生脊椎动物 613 种，其中鸟类 442 种，占全国近 1/3；哺乳动物 136 种，占全国 1/5。国家重点保护野生动物约 116 种，其中，国家一级保护动物 26 种，国家二级保护动物 90 种；被列入国际自然保护联盟（IUCN）保护的有 51 种，被列入《濒危野生动植物国际贸易公约》的有 99 种。鸟类中，被国际鸟盟定为受威胁鸟类有 26 种，列入《中国濒危动物红皮书》动物名录 101 种，列入《中华人民共和国政府和日本国政府保护候鸟及其栖息地环境的协定》的鸟类 184 种，列入《中华人民共和国政府和澳大利亚政府保护候鸟及其栖息地环境的协定》的鸟类 51 种。内蒙古是重要的候鸟迁徙通道，每年有 300 余种、上百万只候鸟通过自治区内 3 条通道停歇、补给和迁徙。内蒙古自治区现存维管植物 2619 种，被列入《国家重点保护野生植物名录》的有 13 种。内蒙古分布着六类重要的草原生态系统，拥有温带气候区天然草原 8800 万公顷，其中，可利用草原 6800 万公顷，是中国面积最大的天然草场和有机牧场，也是全国乃至全世界草原类型最多、保存最完整的自然地区之一。草原作为内蒙古最重要的生态系统，发挥着调节气候、防风固沙、防止土壤沙漠化等生态服务功能。内蒙古湿地资源独特，类型多样，湿地总面积达 600 万公顷，占自治区国土面积的 5.08%，居全国第三位。湿地植被群落结构复杂，拥有高等植物 467 种，为湿地动物尤其是一些珍稀濒危物种提供了良好的栖息地，是两栖类动物繁殖、越冬的极佳场所。已初步建立以湿地自然保护区和湿地公园为主要保护形式的多类型湿地保护体系，包括 83 处以湿地为保护对象的保护区、53 处国家湿地公园、7 处区级湿地公园、4 处国际重要湿地。湿地已成为内蒙古重要的物种贮存库、生物基因库和气候调节器，在保护生态环境、维护生物多样性以及经济社会发展中，发挥着不可替代的关键作用。

　　呼伦贝尔大草原被誉为"北国碧玉"，是中国原生态保存最完好的地区之一，亦是世界上天然草原保留面积最大的地方。呼伦贝尔得名于呼伦和贝尔两大湖泊，这里水草丰美，生长着碱草、针茅、苜蓿、冰草等 120 多种营养丰富的牧草，有"牧草王国"之称，是我国最大的无污染源动物食品基地。呼伦贝尔草原与大兴安岭西麓的森林浑然交错，境内有超过 13 万平方千米的林海，8 万余平方千米的草原，近 3 万平方千米的湿地，森林覆盖率 51.4%，植被盖度 74%，是世界著名的天然牧场。呼伦贝尔草原野生植物资源丰富，约 1400 余种，隶属 100 科 450 属，其中，多年生草本植物是呼伦贝尔草原植物群落的基本生态特征。野生动物种类占全国总数的 12.3%，占自治区总数的 70% 以上，居全国第一位，如丹顶鹤、天鹅等。丰富的生物多样性构成了目前中国规模最大、最为完整的草原生态系统，发挥着不可替代的生态服务功能。

乌梁素海流域处于国家"两屏三带"生态安全战略格局中"北方防沙带"的关键地区，是我国第八大淡水湖，也是黄河流域最大的功能性湿地，承担着调节黄河水量、保护生物多样性、改善区域气候等重要功能，是黄河生态安全的"自然之肾"。乌梁素海曾经接纳河套灌区 90% 以上的农田灌溉退水、生活污水和工业废水，20 世纪 80 年代以后，水质日益恶化，生态功能逐步退化，对黄河流域生态安全造成严重威胁。通过多年实施全流域、系统化治理，成效显著。截至 2020 年年底，已完成乌兰布和沙漠综合治理面积 2667 公顷，有效遏制了沙漠东侵，阻挡了泥沙流入黄河侵蚀河套平原。受损山体得到了修复，矿山地形地貌景观恢复了 60% 以上。项目区内河道水质持续改善。2019 年，乌梁素海整体水质达到 V 类，栖息鸟类的物种和数量明显增多，鱼类恢复到 20 多种，鸟类恢复到 260 多种 600 多万只。

（六）陕西省

陕西省位于中国西北地区东部，地处我国内陆腹地，秦岭横亘中部，总面积为 20.56 万平方千米。陕西以北山、秦岭为界，由北向南分为陕北黄土高原、关中平原、陕南秦巴山区三大自然区域，纵跨温带、暖温带和北亚热带 3 个气候带，物种资源十分丰富，区位优势非常明显，也是全球生物多样性保护热点区域。秦岭纵跨黄河、长江两大流域，是汉江、丹江和嘉陵江等几大江河的发源地，是南水北调中线引水工程的主要水源地。秦岭、子午岭、大巴山 3 个地区生物多样性极其丰富，是我国生态安全的重要屏障。

历史上曾有西周、秦等 13 个王朝在今西安建都，前后历经 1062 年。周古公亶父（公元前 1327 年）由豳（今彬县）迁至岐下（今岐山县）时，"芘芘械樸，薪之樵之"。及至秦始皇大兴土木，掘北山之石，伐蜀荆之木，"蜀山兀，阿房出"。秦统一六国之后，人口大量进入关中，垦殖面积增加，大片天然森林不复存在。到宋时，岐山一带已成"有山秃如赭，有水浊如泔"了。明嘉靖年间，社会动乱，外地百姓流向陕南道，居山中，作棚为舍，称之"棚民"，刀耕火种，毁林开荒，破坏森林。民国时期，曾建立过一些林业机构，例如 1931 年成立陕西省林务局，从 1935 年开始，先后建立西安、草滩等 7 个林场，秦岭国有林区管理处、长江水源林区汉水分区、黄河水源林区洛水分区、核桃试验林场、西北农学院实习林场等林业管理、试验单位进行过育苗、造林、护林等试验研究及局部地区的森林资源踏查。1946 年，西北林业企业公司由天水迁至宝鸡，秦岭沿山私人木商甚多，以采伐、经销木材为业；同时，平原地区农民为逃避苛捐杂税，纷纷入山毁林、开荒种地，以致森林遭到严重破坏，陕北高原呈现一片荒漠景象，沙化、水土流失极为严重，每年流入黄河的泥沙约 8 亿吨，占三门峡以上总输沙量的一半。

1949 年以后，陕西省根据陕北、关中和陕南 3 个自然地理区的不同特点，积极开展了生态保护和造林绿化。一是在陕北高原营造防风固沙林和水土保持林。截至 1985 年年底，在"三北"防护林体系工程建设范围的 49 个县共造林 100 万公顷，位于毛乌素沙漠南缘榆林地区的长城沿线风沙区营造防风固沙林 26 万公顷，固定流沙 20 万公顷，使 6.6 万公顷农田免受风沙侵袭之害。在渭北黄土高原沟壑区的淳化、长武等县营造沟坡刺槐林，对水土保持产生了显著作用。二是开展关中平原"四旁"绿化，广植杨树、泡桐，在 80 万公顷的耕地上营造农田林网，明显减轻了夏初干热风的危害，并缓和了农村用材、烧柴的困难。三是陕南地区重点发展用材林和经济林。经过几十年的努力，陕南呈现出资源丰富、品种繁多的林特产品优势，商洛的核桃不仅质量好，且产量占全省的 50%，成为当地农民一项主要收入。安康地区已经是生漆和桐油的盛产之地，平利县的"牛王牌"生漆驰名中外，岚皋县的生漆产量居全国各县之首。

党的十八大以来，陕西建立水土保持生态区、生态景观带、生态功能区等推进生态文明建设。2013 年以来，全面推进《关中城市群治污减霾林业三年行动方案》，关中"百万亩森林"和"百万亩湿地"建设有序推进并超额完成。同时加强人工造林、飞播造林、无林地和疏林地新封山育林，全省造林面积不断增加。2017 年，全省造林面积 46.16 万公顷，同比增长 0.5%，比 2012 年增长 41.4%，全省人均公园绿地面积为 12.64 平方米，比 2016 年增加 0.34 平方米，比 2012 年增加 1.06 平方米。

陕西地形南北狭长，气候差异很大，森林类型较多，以落叶阔叶林为主。此外，代表性灌木有柠条、沙柳等，主要分布在陕北。天然林主要分布在秦岭、巴山、关山、桥山和黄龙山林区，其中以秦岭林区最多，有林地面积占全省有林地的 54.1%，蓄积量占 66.13%。秦岭是南北方气候的自然分界线，主峰太白山海拔 3767 米，森林植物有明显的垂直分布，由山麓到山顶可以划分为落叶栎林带、桦木林带、针叶林带和高山灌丛带。全省以生产木材为主的 8 个国营林业局（场）都分布在秦岭。1980 年，建立佛坪自然保护区，以保护大熊猫为主。1981 年，秦岭被确定为陕西省的水源涵养林区。

通过这些生态措施，生物多样性保护成效显著。截至 20 世纪 80 年代，朱鹮已成为当时存在的数量最少的珍禽之一，也是秦岭四宝之一。1981 年 5 月，在陕南洋县重新发现了两巢 7 只朱鹮，为保护其栖息及繁殖的生境，实施了一系列保护措施，建立了朱鹮保护站。到 2000 年，实现野外种群、人工种群数量双双破百。2005 年，正式建立陕西汉中朱鹮国家级自然保护区。2013 年，在铜川市耀州区沮河流域野化放飞朱鹮 32 只，这是中国在秦岭以北首次开展朱鹮野化放飞实验。根据陕西省林业局 2020 年发布的《陕西省朱鹮保护成果报告》，全球朱鹮种群数量已扩展到 5000 余只，其中，中国境内 4400 只（陕西境内 4100 只）、日本 582 只、韩国 380 只，种群数量呈现倒金字塔增长，朱鹮受危等级由极危降为濒危，稳步增长态势基本形成。据 2014–2018 年森林资源清查统计，陕西省森林面积共 886.84 万公顷，森林覆盖率 43.06%，活立木蓄积量 51023.42 万立方米，森林蓄积量 47866.70 万立方米，每公顷蓄积量 67.69 立方米，森林植被总生物量 64878.19 万吨，总碳储量 31670.15 万吨。现有陆生野生动物 980 种和 8 类，其中，国家一级保护野生动物 234 种和 1 类，国家二级保护野生动物 746 种和 7 类，省级保护动物 52 种。野生植物 4400 余种，为中国温带地区植物物种最为丰富的省份之一，其中，国家一级保护植物 6 种，国家二级保护植物 23 种，地方重点保护植物 186 种。大约 70%~80% 的物种分布于陕南秦巴山区，从分布地域来看，以大巴山东段及秦岭中段南坡的物种种类最为集中；从植物区系来看，植被分布呈现过渡性和复杂性，多种区系汇集于此。湿地总面积 30.85 万公顷，陕西受保护湿地面积约 12 万公顷，包括湿地类型的自然保护区 9 处，国家级湿地公园 43 处。天然草原 520 万公顷，主要分布在陕北长城沿线风沙区和黄土高原沟壑区，其他草原以高山草甸为主。

陕西生物多样性的代表是秦岭。秦岭位于华夏腹地，界分南北，是中华民族的祖脉和中华文化的重要象征。自 115 万年前蓝田人于山谷间繁衍生息起，多元却又统一的中华文化便沿着秦岭铺陈开来。周、秦、汉、唐等 13 个王朝千余年的兴衰荣枯在此更迭，西安是中国建都时代最早、建都王朝最多、定都时间最久、都城规模最大、历史文化遗迹最丰富的古代政治中心；儒学在此跻身庙堂，道教在此发源兴起，佛教在此祖庭遍布；造纸术等中华文明的文化遗存沿着一条条秦岭古道，穿越千年时空流传后世；从李白的《蜀道难》到白居易的《长恨歌》，历代诗人挥笔写下秦岭的雄浑、奔放、淡雅、内敛。秦岭承载与积淀了中华民族深厚的历史记忆，被尊为华夏文明的龙脉。秦岭作为中国南北方最重要的生态安全屏障，野生动植物资源丰富，素有"南北植物荟萃、南北生物特种库"的美誉。秦岭山脉分布有陆生脊椎动物 587 种，其中，哺乳类 112 种，鸟类 418 种，爬行类 39 种，两栖类 18 种，大熊猫、金丝猴、羚牛、朱鹮并称为"秦岭四宝"；种子植物 3800 余种。这些丰富的野生动植物资源使秦岭成为全球 34 个生物多样性热点地区之一，中国"具有全球意义的生物多样性保护关键地区"，在中国乃至东亚地区具有重要的典型性和代表性，被誉为"生物基因库"，生物多样性极其丰富。

　　说到陕西省的生态建设成就，不得不提榆林和延安。

1. 治沙先锋——榆林

　　榆林坐拥庞大的资源优势，号称"全国能源第一市"，被冠以"中国的科威特"之称，榆林作为国家能源资源富集区和中国能源重化工基地，资源开发与环境保护的矛盾十分突出。历史上，这里有着 60 万顷（合今 313.33 万公顷）的原始森林，是"万类竞自由"的天堂。但是，处于当时文化政治中心地域的原始森林，成了人类索取的对象，森林面积越来越少，生态质量不断退化，沙化面积不断扩展，自唐起开始形成沙漠，毛乌素沙漠距今已经有千年的历史。新中国成立初期，榆林全境仅残存 4 万公顷天然林，林木覆盖率只有 0.9%，流沙吞没农田牧场 8 万公顷，北部沙区仅存的 11 万公顷农田也处于赤裸沙丘的包围之中，将近 27 万公顷牧场沙化、盐渍化，退化严重，沙区 6 个城镇 400 多个村庄被风沙侵袭压埋，风沙区的农牧民不断南撤，形成了"沙进人退"的恶劣生态局面。

　　新中国成立后，榆林人第一件大事就是治沙造林。在干旱少雨、生态脆弱的自然条件下，榆林用了 70 年时间，将数百年以来被破坏的林木植被数量提高了近 30 倍。在我国土地沙化尚在扩展的状况下，榆林大地就已基本消灭了沙漠化土地，率先实现了荒漠化的逆转。

　　通过坚持不懈实施"三北"防护林、防沙治沙综合治理、退耕还林

（草）、天然林保护、京津风沙源治理等国家重点生态工程项目，使一块又一块流动沙地被固定和半固定，初步形成了带片网、乔灌草相结合的区域性防护林体系。北部风沙区建成总长 1500 千米、造林约 12 万公顷的长城、北缘、环山、灵榆 4 条大型防风固沙林带，沙漠腹地营造 667 公顷以上成片林 165 块，仅在 21 世纪，榆林新建常绿针叶林 12 万公顷，完成"667 公顷连接工程" 52 片。几十年来，榆林人始终坚持"南治土、北治沙"战略，生态环境得到全面改善，全市林木覆盖率由新中国成立初期的 0.9% 提高到 33%；沙区造林保存面积 91 万公顷，林木覆盖率 43.5%；57 万公顷流沙全部得到固定和半固定，沙区樟子松保存面积约 9 万公顷。南部丘陵沟壑区造林保存面积约 53 万公顷，林木覆盖率 23.3%。全市整体实现了从"沙进人退"到"人进沙退"的历史性转变，绿色正在成为榆林大地的主基调。

尤其可喜的是，榆林已初步走上沙漠治理产业化、产业发展促治沙的良性循环之路，建立起以种植业、养殖业、加工业、旅游业、新能源等为主的沙产业体系，在林草防护林的保障下，沙区成为全市粮食主产区和全省畜牧业基地及新木本粮油食品——长柄扁桃油原料基地，"绿水青山就是金山银山"理念在治沙过程中逐步变成现实。

"中国的治沙经验是从榆林走出来的，榆林的防沙治沙取得了巨大成就，目前仍然对全国防沙治沙工作具有重要的引领作用。"在 2018 年第 24 届世界防治荒漠化与干旱日纪念大会上，时任国家林业和草原局局长张建龙给予榆林治沙工作这样的评价。

2. 全国退耕还林第一市——延安

在很多人印象里，干旱、黄土、窑洞、白头巾、革命圣地是延安的主要特征。新中国成立的时候，延安的森林覆盖率还不足 10%，是十足的黄土地。经过几十年的植树造林、退耕还林，今天延安的森林覆盖率已经超过了 50%，拥有 6 个国家森林公园，在陕西仅次于西安，与安康并列第二。

延安市曾一度是黄河中游水土流失最为严重的地区之一，全市约八成土地存在水土流失问题。在 20 世纪，每年有 2.58 亿吨泥沙从延安冲入黄河，占入黄泥沙总量的 1/6。20 世纪末开始，延安在国家退耕还林工程的带动下开始大范围施行退耕还林和生态修复工程，2012 年起更进一步，开展了全市创建国家森林城市的工作。多年的生态建设，使延安的生态环境发生了翻天覆地的变化。据《陕西省林业发展区划》记载，无论是有林地面积，还是森林蓄积量，延安都是排在汉中之后的陕西全省第二林业大市。延安市林业局直接管理着四大林业局——黄龙山林业局、劳山林业局、桥北林业局、乔山林业局，这在全省都是"独一无二"的。延安的四大林业局所辖林区构成黄土高原的"两叶肺"，是黄土高原的生态核心。其中，桥北林业局面积30多万公顷，活立木总蓄积量1055万立方米，森林覆盖率为71%，富县版图的大部分被桥北林区所覆盖；乔山林业局面积约16.67万公顷，活立木蓄积量863万立方米，森林覆盖率95.5%，黄陵县版图的大部分被桥山林区所覆盖；劳山林业局面积16.67万公顷，活立木蓄积量113万立方米，森林覆盖率77%，甘泉县版图的大部分被劳山林区所覆盖；黄龙山林业局面积20万公顷，活立木蓄积量846万立方米，森林覆盖率90%，黄龙县版图的大部分被黄龙山林区所覆盖。

1999—2010年，全市共完成营造林面积99.41万公顷，完成投资82.55亿元，年均营造林面积以9万公顷的速度递增。退耕还林累计完成59.78万公顷；天保工程累计完成公益林建设21.32万公顷，落实森林管护面积208万公顷；"三北"防护林工程营造林8.87万公顷；德援、日元贷款项目营造林2.53万公顷。据2010年卫星遥感监测，延安市植被覆盖度达66.2%。全市水土流失综合治理程度由原来的20.7%提高到45.5%，延安大地的基准色调实现了由黄到绿的历史性转变。曾经那个印象中沟壑纵横、黄沙漫漫的延安，经过20多年的退耕还林工作，已经实现了从黄到绿的历史性转变，为全球生态治理提供了"延安样本"。

生态产业化成效显著。大概在2000年，延安的苹果面积、产量占到全省的1/6~1/5。退耕还林之后，延安果业在全省全国的地位大幅度提升。苹果已经从延安南部的黄陵、黄龙、洛川、富县、宜川出发，向延安北部的宝塔、安塞、志丹、延长、延川扩展。在延安境内，所到之处，几乎处处产苹果。延安发布的统计公报显示，2019年，延安苹果面积26.19万公顷，产量349.8万吨，全市苹果总产量370万吨。面积、产量约占世界的1/20、中国的1/10、陕西的1/3，全国每出产10个苹果就有1个来自延安。如今，延安以苹果种植面积大、品质高闻名于世。延安是中国的红色之都，也是世界的苹果之都。延安的红枣也久负盛名，黄陵县、富县、宝塔区就可以看见不少以红枣命名的饭店、酒馆，而真正盛产红枣的地方是在黄河沿岸。延川县被国家林草局命名为"中国红枣之乡"，红枣面积超过2.67万公顷，产量接近6万吨。

　　延安既是退耕还林的策源地，也是退耕还林的急先锋。1997 年 8 月，江泽民同志在陕北治理水土流失、改善生态环境的经验材料上批示"再造一个山川秀美的西北地区"。时隔两年，1999 年 8 月，朱镕基同志在延安考察生态建设时指出：延安人民要继续发扬艰苦奋斗精神，把过去"兄妹开荒"发展为"兄妹造林"，大力开展植树种草，治理水土流失，建设一个山清水秀的新延安。正是在这次调研中提出了"退耕还林（草）、封山绿化、个体承包、以粮代赈"的政策措施，并要求延安在退耕还林工作上先走一步，为全国做出榜样。以此为契机，延安锁定"山川秀美"目标不动摇，在退耕还林上不遗余力，大刀阔斧。截至 2011 年，全市退耕还林接近 67 万公顷，成为全国退耕还林第一市。全市林草覆盖率由退耕还林前的 43% 提高到 58%。主要河流含沙量较之前下降 8 个百分点，年径流量增加 1000 万立方米。北京林业大学在吴起、安塞两县监测的结果显示，土壤年侵蚀模数由退耕前的每平方千米 1.53 万吨，下降到 0.54 万吨。

　　20 世纪 80 年代，吴起曾实施外援项目，修筑宽幅梯田，解决粮食高产稳产问题。站在施工现场的高点看吴起，山峁就像是蒸熟的馒头，群山泛起黄色，光秃秃，很难看见绿色。当时流传着"春种一面坡、秋收一袋粮"的说法。1997 年，吴起县开全国之先河，痛下决心，彻底退耕还林，恢复和重建生态。吴起县因"一举全退"闻名全国，并始终保持着县级"退耕还林面积全国第一"的头衔。全县退耕还林 16 万多公顷，林草覆盖率由退耕前的不足 20%，一举增加到 63% 以上。不仅如此，2009 年吴起启动退耕还林森林公园项目，以县城为中心，覆盖周边 100 平方千米，包括城市十里森林长廊、中央红军长征胜利纪念园、大吉沟树木园、袁沟休闲度假园、沙棘产业化种植示范园、饲料林草高效种植模式示范园、退耕还林生态修复完善区 7 个主题公园，集旅游观光、休闲度假、退耕还林展示等多项功能于一体。如今的吴起版图，就像一只展翅的绿色蝴蝶印记在黄土高原上，其边缘清晰可辨。有人这么说，如果改革开放的前沿在沿海，那么退耕还林的前沿就在延安；如果说改革开放的桥头堡是深圳，那么退耕还林的桥头堡就在吴起，虽不太贴切，但基本能说明事实情况。

　　数据显示，2015 年以来，陕西的雨季拉长了，汛期来得早，结束得晚；大风暴雨少了，和风细雨多了；河水清了，泥沙少了，蓝天多了。多个县的林业部门统计表明，降雨年均增加 30~50 毫米。2019 年，延安空气质量综合考核、PM$_{2.5}$ 单项指标考核均居全省第一，城区空气质量优良天数达 323 天，创历史新高。森林覆盖率提高到 53.07%，植被覆盖度达到 81.3%。

（七）山西省

山西地处黄土高原东部、华北平原西侧，总面积 15.66 万平方千米；四周山环水绕，域内高山横亘、丘陵连绵，有"表里山河"的称谓。山西是中华民族的发祥地，历史悠久，人文荟萃，拥有丰厚的历史文化遗产，迄今为止有文字记载的历史达 3000 年之久，被誉为"华夏文明的摇篮"，有"中国古代文化博物馆"之美称。

山西历史上森林资源丰富，在西周的时候，山西的森林覆盖率约为 50% 以上。即使到了唐、宋，全域依然广布森林。宋末元初，由于毁林种田和战争摧残，破坏了一些森林。而大规模滥伐是从明代开始的，明《清凉山志·高胡二公禁砍伐传》载"尔后傍山之民，率以伐木。""川木即穷，又入谷中，千百成群，散山罗野，斧斤如雨，喊声震天。"山西森林经明、清、民国几个时期的反复破坏，到 1949 年已所剩无几，全省仅残存森林 36.73 万公顷，森林覆盖率仅为 2.4%。

1949 年以后，山西省林业实行以造林为主的方针，在保护和扩大现有森林资源的同时，大力发展国营造林和集体造林，并鼓励农民个人植树。在生产布局上集中力量建设 5 个重点项目：

（1）在水土流失、风沙危害严重的西山地区建设 75 万公顷防护林体系。截至 1984 年年底，新造林 69.5 万公顷。

（2）东山地区建设 66.7 万公顷用材防护林，现已造林 34 万公顷。

（3）51 个平原县推广夏县绿化经验，截至 1984 年年底，已在 103.7 万公顷耕地上营造了林网，有 33 个县基本实现了平原绿化。平原地区还发展了以杨树、泡桐为主的速生丰产林。

（4）建设以红枣、核桃为主的木本粮油林基地。截至 1984 年年底，全省建立枣树基地县 45 个，核桃基地县 19 个，木本粮油树木发展到 8847 万株，年总产量达 1.5 亿千克。

（5）保护和发展国有林。从 20 世纪 50 年代初，即在国有林区设立 8 个林业分局、41 个林业办事处，后改成森林经营局。在管理体制上，由省林业厅直接管辖 8 个森林经营局、杨树丰产林实验局及所属林场，其他国营林场及国营苗圃分属地（市）、县林业部门管理，形成了稳定的分级管理体制，使

山西省壶关县高山寨工程建设成效（山西省造林局 供图）

国有林得到保护和发展。

根据 2014—2018 年森林资源清查统计，山西省森林面积 321.09 万公顷，森林覆盖率 20.5%，活立木蓄积量 14778.65 万立方米，森林蓄积量 12923.37 万立方米，每公顷蓄积量 52.88 立方米，森林植被总生物量 23058.30 万吨，总碳储量 11351.65 万吨。现有陆生脊椎野生动物 457 种，属于国家重点保护的珍稀动物有 73 种。其中，一级保护动物有 17 种，二级保护动物有 56 种，属于省级重点保护的有 171 种。有野生植物 2743 种，其中国家一级重点保护野生植物 1 种、国家二级重点保护野生植物 5 种。天然草地总面积 455.2 万公顷，占国土面积的 29%。有湿地野生植物 609 种，占山西省高等植物种总数的 22.20%；湿地陆生野生动物 232 种，占山西省陆生野生动物物种总数的 42.26%，山西湿地保护率已达 47.10%。

党的十八大以来，山西省生态环境约束性指标全面完成，人民群众生态环境安全感、获得感、幸福感显著增强，有力地构筑了山西高质量发展的绿色本底。在全国率先设置省市县乡四级生态环境保护委员会，积极推进环保督察，强化生态环境保护"党政同责""一岗双责"，出台和完善有关政策法规，构建了党委领导、政府主导、部门齐抓共管、企业主体和社会共同参与的生态环保大格局。持续加强生态保护修复，筑牢绿色生态屏障。重点开展黄河流域重点地区历史遗留矿山生态修复，扎实推进"两山七河一流域"生态保护修复，广泛开展国土绿化彩化财化行动。2020 年，山西省森林覆盖率达到 23.18%，超过全国同期平均水平。以汾河为重点的"七河"流域生态保护与修复工程深入开展，汾河中上游山水林田湖草生态修复等重点项目扎实推进，百千米中游示范区全面开工建设。在深化生态文明示范创建方面，右玉、沁源、沁水、蒲县、芮城 5 县被评为国家级生态示范县，右玉和沁源 2

县荣获国家级"绿水青山就是金山银山"创新实践基地；在"绿盾"专项行动中，山西对自然保护区、森林公园、湿地公园、风景名胜区、沙漠公园、地质公园、自然文化遗产7类270处自然保护地实行集中统一保护，形成了系统完备的保护体系。

（八）河南省

河南省是华夏民族与中华文明的发祥地，享誉世界的中国古代四大发明中的指南针、造纸术、火药三大创造均发明于河南。历史上，先后有20余个朝代建都或迁都河南，是中国古都数量最密集的省份。河南省位于中国中部、黄河中下游，古称"天地之中"，海河、黄河、淮河、长江四大水系贯穿全境，1500余条河流纵横交织，水资源丰沛，被视为中国之中而天下之枢。河南省地貌较为复杂，在中国处于第二级地貌台阶向第三级地貌台阶的过渡带，境内有山地、丘陵、平原等。地势西高东低，北、西、南三面环山，囊括了太行山脉、伏牛山脉、桐柏山脉和大别山脉，东部平畴千里，是广阔的黄淮海冲积平原，山区与平原之间的过渡地带多系低山丘陵或垄岗，从而形成了河南独具特色的自然景观。

河南省地处中原，自商、周以来，有20多个朝代曾在安阳、洛阳、开封等城建都。其他如商丘、许昌、新郑、淇县、濮阳、上蔡、新蔡、淮阳、南阳、杞县在春秋战国时期也曾建过都。由于社会生产的发展与人民生活的需要，以及历代频繁的战争，森林遭到严重破坏。历史上黄河改道、决口1500多次，1938年在花园口扒开大堤，黄水泛滥豫东达8年之久，形成大面积沙荒、低洼与盐碱地的黄泛区。20世纪30年代末，河南省农业改造所的森林系下设开封、辉县、洛阳、商丘、嵩山、龙门林场与洛宁水土保持站等林业机构。1942—1948年，全省共造林1亿株，但总体上森林分布严重不足。

1949年后，河南林业有了较大发展，到1980年，造林保存面积达56.2万公顷，"四旁"植树保存10余亿株。其中包括50年代初豫东营造长520千米、占地面积11万公顷的5条防护林带，70年代兴起的农田林网面积95.6万公顷，农林间作面积60余万公顷，以及豫西20万公顷刺槐为主的坑木林等。同时，在有条件地区积极开展封山育林和飞机播种造林，取得了较为明显的生态效益与经济效益。①改善了豫东20余万公顷的沙荒、流动沙丘与近200万公顷的泛风、盐碱低产耕地所造成的种不保收，人民不能定居的恶劣环境条件。农作物在林带、林网或间作林木的庇护下，平均增产20%左

河南云台山（刘继广　摄）

右，平原农田林网经营好的乡、村，林木蓄积量达人均 1 立方米，农民用材自给有余。②位于太行山区济源县的蟒河流域，过去广大浅山丘陵的森林全部遭到破坏，平时河水干涸，汛期山洪暴发，常淹没农田，十年九旱，种不保收。现在，县内蟒河的干、支流的森林植被（乔、灌、草）覆盖率达到 50%~75%，森林蓄水能力达 80.2%~87.0%，洪峰削减率达 61.9%~86.2%，减少含沙量 94%。

党的十八大以来，生态文明建设纳入"五位一体"总体布局，绿色发展被摆在突出位置。河南省秉承"绿水青山就是金山银山"的发展理念，林业生态建设成效显著，2013 年以来，全省共完成造林 107 万公顷，森林抚育改造 118 万公顷。全省森林面积由 2012 年的 384 万公顷增加到 2017 年的 410 万公顷，森林蓄积量由 1.42 亿立方米增加到 1.79 亿立方米，森林覆盖率由 22.98% 提高到 24.53%。河南省已有 11 个省辖市荣膺"国家森林城市"称号。自 2016 年开始，全省范围内全面停止天然林商业性采伐，151 万公顷国家级和省级公益林纳入补偿范围，资源保护力度空前。

全省已有 118 个省级以上森林公园，年林业旅游休闲康养人数达 1.2 亿人次，森林旅游年产值达到 165.9 亿元。据统计，全省林业年产值由 2012 年的 1088.7 亿元增至 2017 年的 1966.3 亿元，平均增速在 10% 以上，真正实现了"绿水青山就是金山银山"。2017 年，河南省政府印发《河南省完善集体林权制度的实施意见》，要求探索集体林地所有权、承包权、经营权三权分置运行机制，进一步为林业增添动力、释放活力。

（九）山东省

山东省位于我国华东地区，中部山地突起，地形以山地丘陵为骨架，平原盆地交错环列其间；地跨淮河、黄河、海河、小清河和胶东五大水系；属暖温带季风气候。山东分属于黄河、淮河、海河三大流域，海洋资源丰富，是全国粮食作物和经济作物重点产区，素有"粮棉油之库、水果水产之乡"之称。

山东地处黄河下游，濒临渤海与黄海，地貌类型复杂多样，暖温带季风气候特征明显，境内水系较为发达，河川径流量偏少，植被类型以针叶林和落叶阔叶林为主，形成了复杂多样的自然生态系统，孕育了丰富的生物多样性，有野生脊椎动物 602 种，昆虫类 235 种，植物 1868 种，真菌 350 余种。

山东开发早，人口多，加速了森林和草原的退化。远在战国时代的齐国境内就出现"牛山濯濯"的景象；秦代秦始皇东登泰山时，看到泰山上的森林已所剩无几。汉代，山东人口继续增加，山东中南部很多地区已是"有桑麻之业，无林泽之饶，地小人众"，原始森林已为人工植被所代替。到了宋代，林木继续遭到破坏，出现了"今齐鲁间松林尽矣"。历代虽对山林有封有放，也曾提倡过人工造林和保护林木，但人们为生活所迫不得不开荒垦山、伐木为薪和滥牧牛羊，不但原始森林破坏殆尽，次生林也屡遭破坏，逐渐演替成灌丛草坡，有些甚至成了光山秃岭。到 1949 年，全省仅有 30 万公顷残次林，还多为鲁东地区的赤松薪炭林，广大的鲁中南山区、鲁西北平原林木稀少，水土流失面积占山地面积的 90% 以上，海滨沙滩和黄河故道风沙危害严重，加剧了生态环境的恶化。

山东省从 1949 年以后，有计划、有步骤地进行了造林育林工作，从 20 世纪 70 年代起又广泛开展了"四旁"植树、农田林网化和农桐间作，使平原地区的林业也得到了发展。到 1985 年，全省已有 1/2 宜林网化地区实现了林网化；胶东丘陵地区，林地面积已占林业用地的 80% 以上，沿海海滩建成了以黑松、刺槐为主的海滩防护林，使这个地区成为山东省干鲜果品、柞蚕、粮油的高产稳产地区。原来林木稀少的鲁中南山区林地面积占全省林地面积的 40% 以上，在主要河滩两岸和低山丘陵营造了速生丰产林和经济林，成为全省林业资源较丰富的地区。

通过完善湿地资源保护法规政策，启动实施湿地保护行动计划，加大了湿地保护修复力度。先后在黄河三角洲、胶州湾、南四湖和大沽河、白浪河等重要湿地，通过生态补水、退田还湖、污染控制、恢复重建、流域综合整治等措施，恢复治理退化湿地 33 万多公顷，基本形成"一环、两湖、三带、四区、五点"的湿地保护管理格局：一环即沿海浅海水域和海岸滩涂湿地；两湖即南四湖、东平湖湿地；三带即黄河沿线湿地、小清河沿线湿地和京杭运河沿线湿地生态保护带；四区即黄河流域花园口以下区、淮河流域沂沭泗河区、淮河流域山东半岛沿海诸河区和海河流域徒骇马颊河区的湿地；五点即黄河三角洲和莱州湾、大沽河和胶州湾、荣成沿海、庙岛群岛、黄垒河和乳山河河口湿地的湿地生态系统生物多样性体系。

森林覆盖率由 1992 年的 11.34% 扩大到 2019 年的 18.25%，建成国家森林城市 17 个、省级森林城市 15 个，认定省级森林乡镇 158 个、省级森林村居 1530 个，城乡绿化美化水平稳步提升；纳入保护体系的湿地面积 100 多万公顷，湿地保护率从 2011 年的 10% 提高到 2019 年的 54.7%，黄河三角洲和南四湖湿地入选《国际重要湿地名录》，东营市荣获"全球首批国际湿地城市"称号，高等脊椎动物和湿地高等植物物种数均获增加；各类自然保护地有效地保护了山东 80% 以上的典型森林生态系统、45% 以上的湿地生态系统及 50% 的野生动物种群、70% 的高等植物群落，为保护野生动植物栖息地、保护生物多样性、推动生态文明建设发挥了重要作用。

党的十八大以来，山东牢固树立和践行"绿水青山就是金山银山"理念，把生态环保作为推进新旧动能转换、促进经济转型升级的动力，把"生态环境优"作为加快发展经济文化强省的核心目标之一，生态文明建设摆在了全局工作的突出地位。印发实施《关于加快推进生态文明建设的实施方案》《山东省各级党委、政府及有关部门环境保护职责（试行）》《山东省党政领导干部生态环境损害责任追究实施细则（试行）》《山东省企业环境信用评价办法》等一系列改革文件，出台了《山东省生态保护红线规划》，划定 533 个陆域生态保护红线区块，初步构建起生态文明建设制度体系。

根据 2014—2018 年森林资源清查统计，山东省森林面积共 266.51 万公顷，森林覆盖率17.51%，活立木蓄积量13040.49万立方米，森林蓄积量9161.49万立方米，每公顷蓄积量60.01立方米，森林植被总生物量14455.35万吨，总碳储量6978.01万吨。山东黄河三角洲国家级自然保护区总面积1530平方千米，根据监测调查，2021年山东黄河三角洲国家级自然保护区共有野生动物1630种、植物685种，鸟类由建区之初的187种增至现在的371种，其中，国家一级保护鸟类25种，国家二级保护鸟类65种；38种鸟类数量超过全球总量的1%。山东省湿地总面积173.75万公顷，约占山东陆域总面积的11%，其中以自然湿地为主，约占山东湿地面积的63.48%，人工湿地约占山东湿地面积的36.52%。在自然湿地中，近海与海岸湿地居多，约占山东湿地面积的41.93%；其次为河流湿地，约占山东湿地面积的14.84%；湖泊湿地和沼泽湿地分别约占山东湿地面积的3.60%和3.11%。

四、库布齐沙漠治理模式示范

新中国成立前，我国北方风沙危害严重，西北、东北西部、内蒙古、河北、河南等地沙荒遍布。新中国成立之时，库布齐沙漠每年向黄河岸边推进数十米、流入泥沙1.6亿吨，直接威胁着"塞外粮仓"河套平原和黄河安澜，沙区老百姓的生存和生命安全常受其扰。从1952年起，我国陆续开展沙漠综合考察、风沙物理研究和局部的风沙危害治理。1956年，毛泽东同志发出"绿化祖国"的伟大号召，新中国自此开启了绿化祖国的伟大征程，并于1959年编制了防沙治沙规划。1977年，联合国召开防治荒漠化会议，我国积极响应，于1978年启动实施了"三北"防护林体系建设工程，开启了我国以工程带动防沙治沙的新纪元。

"三北"地区分布着四大沙地和八大沙漠，是我国沙漠化最严重的地区，也是我国防治沙漠化的核心区域。"三北"防护林建设工程始终坚持以治理沙化土地为重点，采取草方格固沙、封沙育林、飞机播种、人工造林种草相结合的方式，累计治理沙化土地33.6万平方千米，工程区沙化土地面积由2000年前的持续扩展转变为目前年均缩减1183平方千米，实现了由"沙逼人退"到"绿进沙退"的重大历史性转变。回顾"三北"工程防沙治沙历史，在百废待兴、风蚀沙埋中拉开帷幕，在立梁架柱、多点突破中积厚成势，在爬坡过坎、质效提升中向纵深推进。几十年来，在东起黑龙江西至新疆的万里风

库布齐沙漠腹地（李跃进 摄）

　　沙线上，沙区人民群众发明创造了"引水拉沙""五带一体""六位一体"等科学有效的治沙方法，在祖国北疆筑起了一道乔灌草、带片网相结合的生态安全屏障，创造了世界生态建设史上的奇迹，成为我国生态文明建设的重要标志性工程，为全球生态治理提供了成功典范。

　　库布齐沙漠是中国第七大沙漠，也曾是令人生畏的"死亡之海"。但现在，当你站在沙丘之巅，眼前是舒展起伏的金色沙海里穿插着一片片盎然的绿。作为全球唯一被整体治理的沙漠，库布齐已经是教科书级别的世界奇迹。2017 年 9 月，《联合国防治荒漠化公约》第 13 次缔约方大会在鄂尔多斯举行。联合国环境署在大会上发布报告称，库布齐沙漠共计修复、绿化沙漠 64.6 万公顷，固碳 1540 万吨，涵养水源 243.76 亿立方米，释放氧气 1830 万吨。同时，生态环境的变化带动当地民众脱贫超过 10 万人，提供就业机会 100 多万人（次）。同年，联合国发布第一份生态财富报告，库布齐治沙创造 5000 多亿元生态价值。

　　库布齐离北京很近，是"悬在首都头上的一壶沙"。经过几十年治理，现在已经实现了固沙防沙，这里的沙不再往东迁移，北京沙尘暴很明显被控制住了。曾经的风沙肆虐已经成了历史。今天的库布齐，森林覆盖率达 15.7%，植被覆盖度 53%，成为全世界防治荒漠化的样本。

　　回顾库布齐治沙历程，20 世纪 50 年代提出"禁止开荒，保护牧场"；60 年代提出"种树种草，建设基本田"；70 年代提出"退耕还林还牧，以林牧为主，多种经营"；80 年代提出"三种五小"；90 年代提出"植被建设是鄂尔多斯最大的基础建设"。2005 年以后，又相继启动实施了"六区"绿化、"四个百万亩"、碳汇造林、城市核心区百万亩防护林生态圈和"四带工程"等地方林业重点工程，大力推进重点区域绿化工程，完成高标准造林 600 多万亩。进入 21 世纪，鄂尔多斯确立建设"绿色大市"的发展目标，在全国率先推行"禁休轮牧"，实行"优化发展区、限制发展区、禁止发展区"的"三区规划"政策，统筹推进十大综合治理重点工程。探索出"库布齐沙漠治理模式"：党委政府政策性主导、企业产业化投资、农牧民市场化参与、科技持续化创新，"四轮驱动"造就了个体与社会、经济与生态、现实和长远的效益共赢。孕育出"守望相助、百折不挠、科学创新、绿富同兴"的"库布齐精神"。"反弹琵琶，逆向拉动"，是鄂尔多斯生态建设的创新之举，政策引导之下，出现了

库布齐沙漠（李跃进 摄）

农牧民争沙抢沙、承包治理的喜人局面，企业纷纷包地治沙、投资林沙产业，涌现出"全国劳模"乌日更达赖、"治沙愚公"乌冬巴图、"护绿使者"田青云等一批防沙治沙先进个人和以亿利、伊泰、东达等为代表的龙头企业。

库布齐，这个昔日的"死亡之海"，今朝变成了"希望之海"，公路南北纵贯，草灌乔筑成一道道绿色长龙。年降雨量不断增加，沙尘天气次数减少，生物种类由十几种增至 530 多种。全国防沙治沙现场会等大型会议相继在此召开，先后获得了"全国防沙治沙先进集体""全国绿化先进集体"和"全国生态建设突出贡献奖"等多项荣誉称号。

党的十八大以来，以习近平同志为核心的党中央把生态文明建设作为统筹推进"五位一体"总体布局和协调推进"四个全面"战略布局的重要内容，开展一系列根本性、开创性、长远性工作，提出一系列新理念、新思想、新战略，顶层设计和规划体系不断健全完善，国土绿化和防沙治沙力度进一步加大，生态文明理念深入人心，从根本上推动了库布齐沙漠治理发生历史性、转折性、全局性变化。

鄂尔多斯市始终铭记习近平总书记考察内蒙古自治区时提出的"内蒙古要大胆先行先试，积极推进生态文明制度建设和改革"的指示精神，先后健全生态保护补偿机制、构建绿色金融体系、实行集体林权流转管理暂行办法和林沙产业企业科技创新补贴，以及林沙产业"绿色通道"扶持等系列政策措施。相关旗区政府也纷纷出台政策撬动全社会共同参与治理，大力推行"掏钱买活树"的约束机制和"以补代造""以奖代投"等激励机制，鼓励、引导企业、农牧民通过承包、入股、租赁以及投工投劳等方式参与防沙治沙，逐步构筑起了支持库布齐沙漠治理的政策体系。

"林光互补"已经成为库布齐治沙产业化新名片。在"人沙共生"图景的背后，一批批光伏大基地项目渐次落地。其中，经吉尼斯世界纪录认证的"世界上最大的光伏板图形电站"——骏马电站就坐落在这里。穿行在电站里，除了可以看到一排排整齐排列的光伏发电板之外，还可以看到板下长出的丛丛绿意。自投运以来，截至 2021 年项目已累计输出绿电 23.12 亿千瓦时，相当于节省标准煤 76 万吨，减少二氧化碳排放 185 万吨。同时，采用"林光互补"模式，板上发电、板下种植，在开发利用太阳能资源的同时，推动沙漠生态治理，已累计治沙 1067 公顷。

"生态兴则文明兴，生态衰则文明衰。"鄂尔多斯用产业拉动防沙治沙，

库布齐沙漠（李跃进　摄）

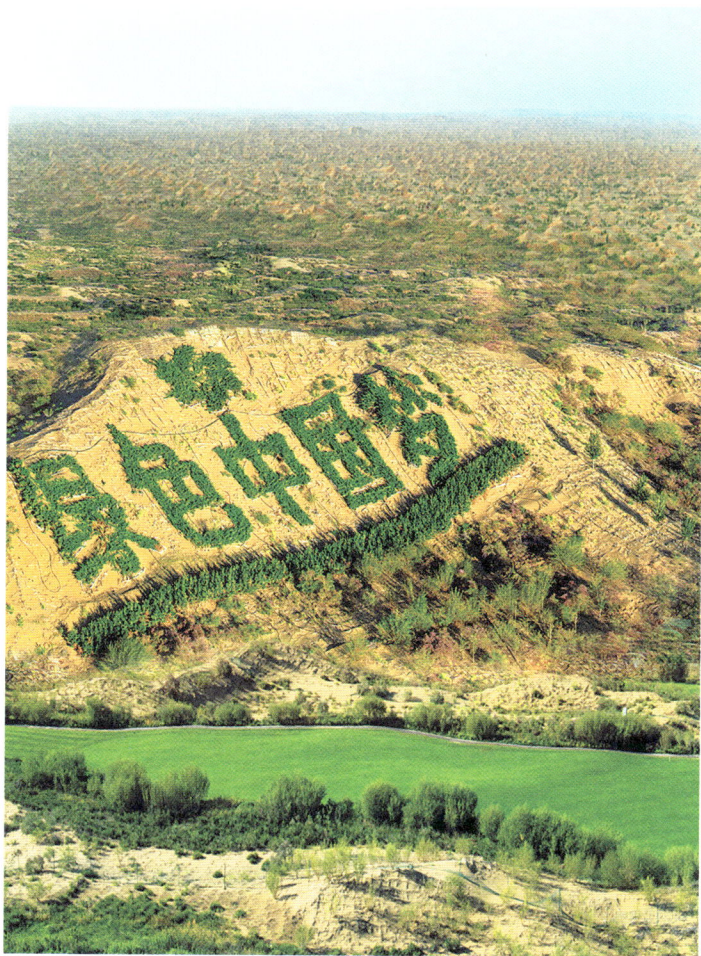

库布齐沙漠的"绿色中国梦"（刘俊　摄）

在生态产业链上做文章，从"谈沙色变"到对沙"情有独钟"，上演了一场沙里淘金、绿富同兴的生态大戏。

"库布齐沙漠治理模式"是党的十九大报告提出的新型环境治理体系的先行探索，高度遵循经济与社会普遍发展规律。

鄂尔多斯人带着"库布齐沙漠治理模式"这张名片，走出库布齐，走向浑善达克、乌兰布和、腾格里、塔克拉玛干沙漠等备受荒漠化困扰的土地，在此播种希望，建设新的绿洲，让绿水青山更浓厚，让金山银山更丰富。

"库布齐沙漠治理模式"成为可借鉴、可复制、可推广的防治荒漠化模式，并获得了国际社会的广泛认可，成为中国走向世界的一张"绿色名片"。

希腊前总理安东尼斯·萨马拉斯表示："库布齐可以把沙漠变成绿

洲，简直就是一个奇迹。来到库布齐看到这样的壮举，看到这样的责任担当，树立了非常好的模范榜样。"

瑞士驻华大使戴尚贤说："中国治沙技术水平的快速发展离不开国家的政策支持，在中国国家主席习近平'绿水青山就是金山银山'理念的号召下，充足的人力资源和雄厚的资本优势得以发挥，从而将库布齐沙漠变成了创造奇迹的地方。应该将库布齐模式在全球范围内进行推广，把中国成功的治沙经验分享给全世界。"

今日，库布齐沙漠治理形成的可复制、可推广、可持续的模式，已经成功走入沙特、摩洛哥、尼日利亚、蒙古国等国家和地区。沿着"一带一路"，继续在中东、中亚、东南亚等地落地生根，与全世界荒漠化地区分享成功经验和模式，把习近平生态文明思想带给世界上更多的人，为推动人类可持续发展贡献更多"中国力量""中国经验"和"中国智慧"。

第四节　绿色牵引模式加快传统产业成功改造升级

传统产业改造与升级是构建现代产业体系的重要内容。现代产业体系于20世纪80年代在发达国家首先兴起，其特征是现代服务业的快速发展，一、二、三产融合成为发展趋势。现代产业体系有两个重要特征：一是产业结构的现代化，打破传统产业上下游分离模式，在产业链延长的同时，一、二、三产相互渗透、融合发展，带来组织形式、盈利模式的重大变革；二是效率和效益提升追求的目标，这要求传统产业通过改造和升级，引入新的技术、导入新的生产组织方式，提高产品技术含量和附加值。

党的十八大以来，我国传统产业改造提升工作扎实推进，产业转型升级步伐明显加快。从行业层面看，推进林草产业加快传统产业智能化改造、推进绿色化改造、大力推进一、二、三产和三生（生态、生活、生产）融合发展，都取得了长足的进步。国家林业和草原局印发的《关于促进林草产业高质量发展的指导意见》中指出，要对现有森林和草地资源充分利用，推进生态系统的多重生态与经济功能，加速资源可持续利用，提高林草产品的供给质量，实现林草产业的高质量发展。

安徽宿州绿色家居产业园（晋翠萍　摄）

　　党的十九大后，产业升级又迎来低碳绿色高质量发展的新要求，主动应变是新时期林草产业的使命所在。尤其我国经济正处在转变发展方式、优化经济结构、转换增长动力的攻关期，实现高质量发展还有许多短板弱项。加快推进林草产业改造升级，既是持续深化供给侧结构性改革的主要任务，更是新旧动能转换接续的关键所在，对于加快构建新发展格局，实现经济高质量发展，具有十分重大而深远的意义。

一、思想和理念引领顶层设计的制度优势

　　党的十八大将生态文明建设纳入中国特色社会主义建设"五位一体"总体布局，全国上下贯彻绿色发展理念，推动绿色转型，产业发展绿动能不断增强。党中央、国务院先后印发《关于加快推进生态文明建设的意见》和《生态文明体制改革总体方案》，形成了深化生态文明体制改革的战略部署和

制度架构。习近平总书记在主持中央政治局第三十六次集体学习时指出，党的十八大以来，党中央贯彻新发展理念，坚定不移走生态优先、绿色低碳发展道路，着力推动经济社会发展全面绿色转型，取得了显著成效。我们建立健全绿色低碳循环发展经济体系，持续推动产业结构和能源结构调整，启动全国碳市场交易，宣布不再新建境外煤电项目，加快构建"双碳"政策体系，积极参与气候变化国际谈判，展现了负责任大国的担当。实现"双碳"目标，不是别人让我们做，而是我们自己必须要做。我国已进入新发展阶段，推进"双碳"工作是破解资源环境约束突出问题、实现可持续发展的迫切需要，是顺应技术进步趋势、推动经济结构转型升级的迫切需要，是满足人民群众日益增长的优美生态环境需求、促进人与自然和谐共生的迫切需要，是主动担当大国责任、推动构建人类命运共同体的迫切需要。

中共中央、国务院印发《关于完整准确全面贯彻新发展理念做好碳达峰碳中和工作的意见》，提出到 2025 年，绿色低碳循环发展的经济体系初步形成，重点行业能源利用效率大幅提升。单位国内生产总值能耗比 2020 年下降 13.5%；单位国内生产总值二氧化碳排放比 2020 年下降 18%；非化石能源消费比重达到 20% 左右；森林覆盖率达到 24.1%，森林蓄积量达到 180 亿立方米，为实现碳达峰、碳中和奠定坚实基础。到 2030 年，经济社会发展全面绿色转型取得显著成效，重点耗能行业能源利用效率达到国际先进水平，单位国内生产总值能耗大幅下降，二氧化碳排放量达到峰值并实现稳中有降。到 2060 年，绿色低碳循环发展的经济体系和清洁低碳安全高效的能源体系全面建立，能源利用效率达到国际先进水平，非化石能源消费比重达到 80% 以上，碳中和目标顺利实现，生态文明建设取得丰硕成果，开创人与自然和谐共生新境界。2021 年 10 月，国务院印发《2030 年前碳达峰行动方案》，提出将碳达峰贯穿于经济社会发展全过程和各方面，重点实施能源绿色低碳转型行动、节能降碳增效行动、工业领域碳达峰行动、城乡建设碳达峰行动、交通运输绿色低碳行动、循环经济助力降碳行动、绿色低碳科技创新行动、碳汇能力巩固提升行动、绿色低碳全民行动、各地区梯次有序碳达峰行动等"碳达峰十大行动"。"十四五"期间，产业结构和能源结构调整优化取得明显进展，重点行业能源利用效率大幅提升，煤炭消费增长得到严格控制，新型电力系统加快构建，绿色低碳技术研发和推广应用取得新进展，绿色生产生活方式得到普遍推行，有利于绿色低碳循环发展的政策体系进一步完善。"十五五"

期间，产业结构调整取得重大进展，清洁低碳安全高效的能源体系初步建立，重点领域低碳发展模式基本形成，重点耗能行业能源利用效率达到国际先进水平，非化石能源消费比重进一步提高，煤炭消费逐步减少，绿色低碳技术取得关键突破，绿色生活方式成为公众自觉选择，绿色低碳循环发展政策体系基本健全。

为统筹绿色低碳实现路径，2021年2月，国务院印发《关于加快建立健全绿色低碳循环发展经济体系的指导意见》，提出建立健全绿色低碳循环发展经济体系，促进经济社会发展全面绿色转型，是解决中国资源环境生态问题的基础之策。为贯彻落实党的十九大部署，加快建立健全绿色低碳循环发展的经济体系，要求用全生命周期理念理清绿色低碳循环发展经济体系建设过程，全方位全过程推行绿色规划、绿色设计、绿色投资、绿色建设、绿色生产、绿色流通、绿色生活、绿色消费。要按照经济全链条绿色发展过程，推动绿色成为发展的底色，使发展建立在高效利用资源、严格保护生态环境、有效控制温室气体排放的基础上，统筹推进高质量发展和高水平保护，确保实现碳达峰碳中和目标，推动中国绿色发展迈上新台阶。同时，从生产、流通、消费、基础设施、绿色技术、法律法规政策等6方面对绿色低碳循环发

静乐县庆鲁流域绿色生态修复工程（局部）（王冠洋 摄）

展作出了部署安排，并明确了 85 项重点任务和牵头单位。

二、蓝图化为行动的体制优势

2021 年，国家发展改革委印发《"十四五"循环经济发展规划》，全面部署了今后一段时期中国循环经济发展的总体思路、主要任务、重点工程行动和保障措施，指明了"十四五"循环经济发展路径。通过部署构建资源循环型产业体系、构建废旧物资循环利用体系和深化农业循环经济发展三方面重点任务，清晰描绘了"十四五"循环经济发展的路线图。明确提出，到 2025 年，主要资源产出率比 2020 年提高约 20%，单位 GDP 能源消耗、用水量比 2020 年分别降低 13.5%、16% 左右，农作物秸秆综合利用率保持在 86% 以上，大宗固废综合利用率达到 60%，建筑垃圾综合利用率达到 60%，废纸利用量达到 6000 万吨，废钢利用量达到 3.2 亿吨，再生有色金属产量达到 2000 万吨，资源循环利用产业产值达到 5 万亿元。

《完善能源消费强度和总量双控制度方案》围绕统筹处理发展和减排、整体和局部、激励和约束 3 个关系提出了相关要求。要求各地区各部门统筹处理好经济社会发展与能耗双控工作的关系，坚决遏制"两高"项目盲目发展，有力保障能源安全，加快经济社会发展全面绿色低碳转型。《"十四五"全国清洁生产推行方案》以节约资源、降低能耗、减污降碳、提质增效为导向，围绕工业、农业、建筑业、服务业和交通运输业等重点领域，提出了"十四五"时期推行清洁生产 5 个方面 15 项重点任务。

国家发展改革委等 28 部门联合印发《加快培育新型消费实施方案》，提出四大方面 24 项政策措施，将助推加工企业及下游产业融合，加速产业互联网等新业态新模式发展。工业和信息化部等六部门联合印发《关于加快培育发展制造业优质企业的指导意见》，从支持企业自身做强做优做大方面提出了六项任务举措，对企业培育发展予以支持。工业和信息化部等 15 部门联合印发《关于进一步促进服务型制造发展的指导意见》，重点提出了发展工业设计服务、定制化服务、供应链管理、共享制造、检验检测认证服务、全生命周期管理、总集成总承包、节能环保服务、生产性金融服务等九大模式，从四方面提出夯实筑牢服务型制造发展基础的措施。

三、林草传统产业转型升级展现绿色发展成效

传统意义的林业发展强调"两翼"并举，即生态和产业是确保林业可持续发展的两翼，认为生态保护是只有投入，没有经济效益，是花钱的，而产业是林业的"造血"机能，是赚钱的，通过产业反哺造林和生态，实现有序发展。传统的林业产业主要是指以木竹为原料的加工业，一般指木材加工、木浆造纸和竹加工业。曾经的这些企业是典型的高资源消耗、高耗能、高排放及低效益的"三高一低"企业，和大多工业类企业一样，同样经历了从新中国成立初期解决有无、改革开放后 30 年粗放低效和党的十八大后绿色转型 3 个阶段，由于这类企业与森林资源及广大林农的直接关联性，其转型升级更能体现一、二、三产融合、生态生活生产"三生融合"及全产业链融合的特点和优势。

（一）人造板工业

木材工业既是林业的传统产业，也是林业的优势产业和主导产业。木材工业是以木材资源为原料，通过一定的加工工艺过程生产各种木材产品的工

业。从新中国成立至今，特别是近 20 年的快速发展，我国木材工业经历了从原始初级产品加工向规模化、产品系列化、现代化生产的跨越式发展，形成了较为完善的木材工业体系，产品种类也从单一原木、锯材加工逐步扩大发展为涵盖原木、锯材、防腐木与阻燃木材、人造板、木地板、木质装饰材料、强化木、木家具、工程木构件、木结构建筑、木制工艺品（木雕等）及其他木制品等 12 大类产品的综合工业，其产业面覆盖人造板制造业、木材生产及木制品生产业和家具制造业等国民经济产业，其应用也广泛深入到建筑、轻工、装修、交通、采矿、化工等领域。

经过十几年转型升级，木材工业尤其是人造板行业，产业升级取得很好效果，已经成为能源消耗低、污染少的典型，充分发挥了资源再生性、替塑性特点，在国民经济中占有重要地位，成为林业产业的主导产业和低碳、绿色产业。

人造板产业作为中国木材产业的重要组成部分，以独有的高效利用森林资源、环境友好等特性，为不断满足国民经济高速发展和人民生产、生活需求发挥着无可替代的重要作用，也是确保中国木材安全战略长期平稳实施、

陕西汉中（刘俊 摄）

推进国民经济持续高质量发展的重要产业。党的十八大以来，中国人造板行业供给侧结构性改革加速推进，低端生产能力和产品不断淘汰，产业链供应链保持基本稳定。2010年以来，我国人造板、木地板和木家具年产量连续多年位列世界第一，锯材、人造板、木家具和木地板增长迅速。据统计，2020年我国人造板产量3.11亿立方米，过去10年中国人造板产量年均增速接近7.3%；消费量2.96亿立方米，过去10年全国人造板消费量年均增速接近8.4%。

胶合板类：全国胶合板类产品生产企业15200余家，年总生产能力约2.56亿立方米，企业平均年生产能力1.7万立方米。2020年胶合板类产品生产量1.9891亿立方米，过去10年平均增速9.2%；消费量1.8563亿立方米，过去10年平均增速10.7%。2020年胶合板类产品出口940万立方米，出口额42.25亿美元；进口17.5万立方米，进口额1.3亿美元。随着绿色产品转型的推进，无醛胶合板产品规模不断扩大，产品种类逐渐丰富，聚氨酯类胶黏剂、淀粉基胶黏剂、木质素胶黏剂、热塑性树脂胶膜等在无醛胶合板类产品生产中的应用不断增长，2020年达到125万立方米，占胶合板类产品总产量0.6%。

纤维板类：全国纤维板类产品生产企业392家，保有生产线454条，年总生产能力约5176万立方米，单条生产线平均年生产能力11.4万立方米。2020年纤维板类产品生产6226万立方米，过去10年平均增速3.6%；消费量5966万立方米，过去10年平均增速4.8%。2020年纤维板类产品出口152万吨，出口额8.29亿美元；进口14.74万吨，进口额1.07亿美元。

刨花板类：全国刨花板类产品生产企业329家，保有生产线348条，年总生产能力约3691万立方米，单条生产线平均年生产能力10.6万立方米。2020年刨花板类产品生产3002万立方米，过去10年平均增速9%；消费量3105万立方米，过去10年平均增速9.5%。2020年刨花板类产品出口24.56万吨，出口额1.63亿美元；进口77.18万吨，进口额2.58亿美元。

以广西壮族自治区为例，2021年，全区木竹材加工实现产值3100亿元。其中，人造板产量5100万立方米，相当于全区人均1立方米。广西已实现森林经营与人造板加工的有效连接，松、杉、桉等原料林从主干到枝丫、树皮、树根等"三剩物"都能消化殆尽、吃干榨尽。广西充分利用凭祥、东兴接壤越南的地理优势，发展成为全国最大的红木家具产销中心。"十三五"以来，广西还充分利用北部湾国际门户港、西江内河港、中欧班列等，发展同美洲、非洲、大洋洲和东南亚等木材出口市场的联系，建立广西沿海、沿边进口木材加工产业带。2021 年，全区利用海外区外木材超过 300 万立方米。高端绿色家居是广西"十四五"期间重点打造的九大产业集群之一。2021 年，全区家具家居产量超过 2500 万套，木地板产量超过 1360 万平方米。

按照绿色发展和低碳要求，人造板行业以供给侧结构性改革为契机推进转型升级取得显著成效。一是改革持续激发新动能，高质量发展成效初显。中国人造板产业供给侧结构性改革持续激发新动能，落后产能加速淘汰。截至 2020 年年底，全国累计注销、吊销或停产胶合板类产品生产企业约 17500 家，大中型企业数量不断增加，供给侧结构性改革持续推进；全国累计关闭、拆除或停产纤维板生产线 781 条，淘汰落后生产能力 3316 万立方米／年，纤维板行业供给侧结构性改革成效显著；全国累计关闭、拆除或停产刨花板生产线 1123 条，淘汰落后生产能力约 2772 万立方米／年，供给侧结构性改革取得成效。绿色创新助力中国人造板企业进一步提高市场竞争力，功能性人造板产品持续研发开拓，低密度、高性能的人造板产品成为市场关注的热点；无醛人造板产品继续得到定制家居市场的认可，市场份额持续扩大，产品种类更加丰富。2020 年，经济发达地区人造板行业向环境承载力更高的地区转移持续推进。《排污许可证申请与核发技术规范　人造板工业》得到全面落实，部分地区印发省级《人造板企业环境绩效分级管理规范》，环境治理成效显著。中国人造板产业向高质量发展转变成效初显。二是顺应发展形势变化，双循环新格局加速构建。近年来，国际环境日趋复杂，中国经济下行压力增大，运输成本进一步上涨，原料、产品进出口受限，人造板行业面临严峻挑战。2020 年初暴发的新冠肺炎疫情给世界经济格局带来巨大影响，加速了全球供应链本地化、区域化趋势，行业重新整合加速。中国人造板产业顺应发展形势变化，不断探索内生增长动力，继续扩大内需，提升供给体系对需求的有效性，以高质量发展提升产业发展能力，深入贯彻绿色环保理念，不断开创新技术，通过充分开发国内市场，实现以国内大循环为主体、国内国际双循环相互促进的新发展格局。三是以纤维原料为核心融合发展的和谐发展之路向纵深推进。中国人造板产量连续五年保持在 3.0 亿立方米左右，木材原料供应趋紧，季节性原料供应紧张、区域性原料供应紧张不时出现，以桉树和杨树为代表的人工速生林仍然是中国人造板生产的主要原料，胶合板类产品生产的加工剩余物仍然是纤维板类产品和刨花板类产品生产的主要原料来源之一；进口木材原料在胶合板类产品生产中的占比进一步提高，进口木材加工剩余物在纤维板类产品和刨花板类产品（含定向刨花板）生产中的应用逐步扩大；废旧木材回收利用占比不断扩大，秸秆、芦苇等非木质原料使用进一步成熟。加快推进国家储备林建设，逐步提高国内木材产品供给数量和质量，努力实现生态安全与增强木材供给之间协调发展。四是充分发挥人造板行业在国家"双碳"战略中的储碳、减排两大作用。人造板产品作为森林资源利用的延伸，是森林生态系统碳循环的组成部分和碳储量流动的重要载体，对森林生态系统和大气之间的碳平衡和调节大气中碳周转速率和周转量有着积极意义。同时，在人造板生产过程中碳排放远低于钢材、水泥等其他基础材料，全面推进人造板建材化利用和绿色低碳循环发展，既是实现行业高质量发展的必然要求，也是推动行业助力碳达峰碳中和正向贡献的重要举措。为扎实开展林产工业行业"碳达峰、碳中和"行动，持续推进行业节能减排、绿色发展的新思路，在全行业推行以人造板等木质林产品储碳、替代减排为路径的发展模式。中国林产工业协会于2021年5月和7月，先后印发了《关于全面推进林产工业行业绿色低碳循环发展助力国家碳达峰、碳中和战略目标的实施意见》《关于林木制品质量提升推动绿色发展的实施意见》和《关于推进双碳战略、促进绿色发展行动方案》等文件，提出系

内蒙古自治区东部阿尔山市兴安盟的银江沟温泉（刘俊　摄）

统开展专题研究、加快推进团体标准研制、全面推进行业绿色认证、启动重点领域重点企业试点以及积极开展行业专项活动，为党中央、国务院全面推进"碳达峰、碳中和"国家战略赋能，贡献行业力量。五是标准化引领标准化生产。2016年，中国林产工业协会率先在行业开展团体标准化工作，截至2021年10月底，共发布现行有效团体标准26项、在研团体标准24项。其中，2021年发布《超薄竹刨花板》《难燃定向刨花板》《轻质高强刨花板》《浸渍胶膜纸饰面超薄纤维板复合胶合板》以及《人造板定制家居板件封边质量要求》等团体标准9项，新批准立项《林产工业企业碳中和实施指南》《采暖用人造板及其制品中甲醛释放限量》《难燃浸渍胶膜纸饰面胶合板和细木工板》等团体标准13项，团体标准化工作在推进行业高质量发展，满足企业技术创新、品牌建设与市场多层次、高标准、绿色节能环保需求等方面发挥了重要作用。

（二）造纸工业

造纸产业是与国民经济和社会发展关系密切并具有可持续发展特点的重要基础原材料产业，同时具有原料可再生、产品可循环利用、可自产生物质能源、主要生产用化学品可循环利用的特点，具有得天独厚的天然绿色属性。造纸行业包括纸浆制造业、造纸业、纸制品制造业三大部分。纸张消费量受到全社会各个领域的直接或间接影响，与国家经济安全息息相关，纸及纸板的消费水平是衡量一个国家经济和文明程度的重要标志。现代制浆造纸业完全颠覆了以前规模小、污染大、质量低的"三高一低"发展模式，20世纪我国制浆造纸行业每年花费国家大量外汇长期依赖进口，国内造纸厂总给人以"黑、臭、乱"印象的情况，经过20多年的跨越式发展已经跻身世界第一行列，是我国转型升级最成功的重污染行业代表之一。且已成为现代林业资源价值实现的重要方式和手段，其代表性当属"林浆纸一体化"发展模式，原料林基地作为制浆的第一车间，在发挥生态功能、固碳的同时，通过集约高效森林经营，为制浆造纸提供源源不断的纤维原料。制浆造纸过程中，是集现代自动化、信息化、智能化，以及资源高效利用、循环经济、清洁生产、绿色制造于一体的综合体。

2020年，全国纸及纸板生产企业约2500家，全国纸及纸板生产量11260万吨，消费量11827万吨，人均年消费量为84千克。全国纸浆生产总量7378万吨，全国纸浆消耗总量10200万吨。2020年进口纸及纸板、纸浆、废纸、纸制品合计 4994 万吨。其中，纸及纸板进口 1154 万吨，纸浆进口 3135 万吨，废纸进口 689 万吨，纸制品进口 16 万吨，用汇 241.95 亿美元。2020 年出口纸及纸板、纸浆、废纸、纸制品合计 921.67 万吨。其中，纸及纸板出口 587 万吨，纸浆出口 10.55 万吨，废纸出口 0.12 万吨，纸制品出口 324 万吨，创汇 211.88 亿美元。

《造纸行业"十四五"及中长期高质量发展纲要》提出，根据国家"双循环"战略和到 2035 年人均国内生产总值达到中等发达国家水平的目标，我国未来纸张市场需求增量仍然较大。根据国家"十四五"发展纲要、锚定 2035 年远景目标和 2060 年碳中和目标，中国制浆造纸业将打造低碳环保、可持续发展的绿色纸业。

第一，以"林纸一体化"和国内国际两个市场化解纤维原料供应瓶颈。针对纸浆生产原料供求矛盾，木片、纸浆、纸张的对外依存度还将逐年增高的情况，在充分利用国外纸浆、林木资源，实现林纸产业链优势互补的同时，着重原料结构的调整。林纸一体化工程建设将成为一项持续不断的持久性工作，是行业未来的发展方向，是促进造纸行业可持续发展的重要措施。继续完善"以林促纸，以纸养林，林纸结合共同发展"政策，推进林纸一体化建设，增加国内造纸原料林面积，提高国内木材纤维原料供给能力。通过"三产融合"及补齐产业链供应链短板提高资源利用效率。加大对林业"三剩物"、制糖工业废甘蔗渣、农业秸秆、湿地芦苇和回收废纸等废弃物利用。降低造纸纤维原料对外依存度过高的风险，保障产业安全。适度布局东南沿海化学和半化学浆林纸一体化企业，补充废纸循环利用中的资源损耗；加快自有林地建设，提高资源自给率，积累碳汇和生物质资源；多渠道回收境内废纸和在境外回收利用纸张包装物制浆，维持国内原料供应；发展竹浆，科学利用蔗渣、秸秆及其他非木原料；开展国际合作开发建设境外原料林基地。

第二，通过供给侧结构性改革优化产业结构。在全国范围内谋求更合理的产业布局，注重上下游产业的沟通、交流和协作延伸。优化区域产业链布局，鼓励企业兼并重组，防止低水平重复建设，提高企业经营管理的水平，推行现代企业制度，做大做强形成多个大型企业集团。具体措施包括：大中小专业化分工。引导大宗产品生产专业化、规模化，引导中小造纸企业向专、精、特、新方向发展，实施横向联合，提高专业化水平和抗风险能力；提高产能集中度。引导大型制浆造纸企业通过兼并重组与合资合作等形式发展，形成具有国际竞争力的综合性制浆造纸企业集团。培育纸制品龙头企业，提高纸制品企业集中度，提升企业规模效益；主动淘汰落后产能。关停不能达标排放、能耗水平相对落后、产品竞争力弱的生产设施，确保已关闭的落后产能或生产设施不再复产。持续技术改造，对产能进行优化提升，保持产能技术水平和竞争力处于国际先进水平。

第三，坚持节能减排实现绿色发展。"十四五"期间应实现的节能目标：加大投资节能改造，充分发挥热电联产作用，充分利用生产环节产生的余压、余热等能源，加大有机废液、有机废物、生物质气体的回收利用，固体废物近零排放，最大限度实现资源化。力争"十四五"期间行业单位产品实际工艺综合能耗（外购和自产能源合计）纸浆由每吨风干浆350千克标准煤降为320千克标准煤，每吨纸及纸板由480千克标准煤降为450千克标准煤，达到国际较先进水平。鉴于我国人均纸张消费量在国民经济达到中等发达国家之前仍将继续提高，以及碳达峰和禁止废纸进口政策实施的影响，造纸行业2030年以前行业总能耗仍会继续上升。在2030年后，尽力争取行业用能技术突破，为替代能源大幅度取代化石能源做好理论和技术储备，避免因消减化石能源导致热电联产无法发挥效益带来的全行业综合能耗大幅度跃升，力争通过加大植树造林、提高生物质能源比例、节能技术改造、提高热电联产效率、淘汰相对落后产能和适度控制新增产能及加大成品纸进口等措施，确保达峰后碳排放逐步降低。力争实现的减排目标：巩固减排成果，保持污染物低排放水平，加大固体废物的综合利用和固、液、气废物中生物质的能源化利用。加强无组织逸散污染物的收集和处理，提高环保设施的自动化和运行管理水平。持证排污，依法依规申请排污许可证，做好自行监测。依法诚信排放，按时提交执行报告并及时公开信息。维持单位产品排污量处于国际先进水平。

第四，实现高质量发展。人民日益增长的美好生活需要和发展不平衡、不充分之间的矛盾日益凸显，给造纸行业可持续发展指明了方向，并提供了未来发展的广阔空间。一是具备实现从生产型到服务型跨越发展的潜力。融合上下游产业和技术，扩展产业链，从单纯生产商提升到生产、技术和服务供应商。发挥产业规模优势、配套优势和部分领域先发优势，推动传统产业高端化、智能化、绿色化，发展服务型制造。推进互联网应用，在纸制品行业大力推进互联网＋设计、生产、销售和物流。二是从满足社会和民生需求

贵州桐梓乡村风貌（刘俊 摄）

体现行业以人民为中心的要求。当人均国内生产总值达到中等发达国家水平时，人均纸张消费量也将同步达到中等发达国家水平。通过供给侧结构性改革，不断开发更丰富的品种和更专业化细分的产品，拓展应用领域，提高产品技术含量，减少过剩功能，培育新型消费，传承民族文化。三是转变生产方式实现全方位的可持续发展。为实现《国民经济和社会发展第十四个五年规划和2035年远景目标纲要》提出的目标，以及其中"加快化工、造纸等重点行业企业改造升级，完善绿色制造体系"的具体要求，全面提高资源利用效率，在2030年达峰后碳排放量稳中有降，打造健康低碳的产业价值链。通过利用国外的优质纤维资源改善国内回收废纸制浆的质量，推进国内林纸一体化工程建设和科学利用好非木材原料，保障社会供给和行业可持续发展。转变发展方式，按照减量化、再利用、资源化的原则，提高水资源、能源、土地及植物原料等利用效率，减少能源消耗和污染物排放。充分发挥造纸产业可循环、可再生、可持续发展的优势，创建绿色工厂，引导绿色消费，培育新的增长点和新的竞争优势。实现绿色纸业，以资源节约环境友好型行业为建设目标，坚持开发低碳绿色产品。面对和充分利用新时代的挑战和机遇，把纸业发展成一个资源可循环、低能耗、低排放、与自然界碳循环衔接的完整循环经济发展体系。

（三）竹产业

中国竹类资源丰富，栽培利用历史悠久。英国著名学者李约瑟在《中国科学技术史》中指出，东亚文明过去被称作"竹子文明"，中国则被称为"竹子文明的国度"。我国有竹类植物39属500多种，面积、蓄积量、竹制品产量和出口额均居世界第一，素有"竹子王国"之誉。

2011年以前，我国大部分产竹县竹产业单一，产业链短，大多以一产为主，二产不发达，三产更谈不上，产业发展驱动力弱，导致竹产业化水平不高，经济效益上不去。全国竹加工企业有12756家。其中年产值低于500万的企业总数为7583家，占企业总数的59.4%；产值超过亿元的加工企业只有101家，占企业总数的0.8%。竹产品加工企业总体规模偏小，企业普遍属于依赖资源的劳动密集型企业，处于原材料综合利用率低、机械化程度低、劳动生产率低的生产状态。企业在发展过程中比较重视规模扩张，低水平重复建厂，资源消耗大；不重视对科技的投入，企业创新能力差，产品科技含量低，品种少，同质化现象严重；产品精深加工不够，附加值低，产品价格长期在低水平徘徊。

党的十八大之后，竹加工行业开始转型升级，《全国竹产业发展规划（2013—2020年）》实施推动了转型的加快，取得显著成效。目前，竹产品种类繁多，产业横跨一、二、三产，成了极具活力和潜力的绿色富民产业。长期以来，相关部门和各主要竹产区地方政府积极推动竹产业发展，持续加强规划引领、示范带动、科技支撑和政策支持，竹产业呈现良好发展态势。竹材人造板、竹建材、竹日用品、竹工艺品、竹浆造纸、竹纤维制品、竹炭、竹醋液、竹笋加工品、竹叶提取物等10大类、上万个品种的竹产品，已广泛应用于建筑、运输、包装、家具、装饰、纺织、造纸、食品、医药、旅游、康养等领域，在促进生态文明建设、拉动地方经济增长、助推农民增收致富等方面发挥了重要作用。

2021年，国家林草局、国家发展改革委、科技部、工业和信息化部、财政部、自然资源部等10部门联合印发《关于加快推进竹产业创新发展的意见》，明确将大力保护和培育优质竹林资源，构建完备的现代竹产业体系，构筑美丽乡村竹林风景线。到 2025 年，全国竹产业总产值突破 7000 亿元；到 2035 年，全国竹产业总产值超过 1 万亿元。中国是世界上最大的竹材产量国与竹制品制造国，2018—2019 年中国大径竹（直径大于 5 厘米）的产量已连续 2 年突破 30 亿根。同时，竹产业科技进步明显，技术创新和新产品开发能力持续提升，户外重组竹地板、竹缠绕复合管道、圆竹景观建筑、竹纤维制品等环保绿色加工新技术不断涌现，已实现现代竹结构建筑材料和关键技术完全国产化，特别是竹缠绕复合材料技术得到我国众多部委以及国外机构的高度重视，在水利、建筑和交通等领域的市场应用前景广阔，需充分发挥竹子生态价值与经济价值关联性强的独有优势。竹子存在不宜"四代同堂"的禾本科特性，具有很强的保护自然环境和修复退化环境的作用，采伐不受指标和地域限制。竹纤维类似木材，纤维长度介于针叶木和阔叶木纤维长度之间，具有代木、代塑的天然优势，是实现"绿水青山就是金山银山"转化的典型代表。党的十九大对于生态文明建设和绿色发展的高度重视，表明中国生态文明建设和绿色发展将迎来新的战略机遇，为竹产业发展提供了广阔的空间。竹产业已经成为建设秀丽山川的绿色产业、促进乡村振兴的先导产业、推进农村脱贫的致富产业，发挥了巨大的生态、经济和社会效益。

竹加工新产品开发取得积极进展。竹材工程材料是以竹材为主要原料制造建筑建材和装饰装潢用的竹质复合材料，尤其是竹绿色建筑材料及竹工程材料两大类，具有竹代木、代塑、代钢筋混凝土的巨大潜力。

绿色建筑材料：竹基生物质材料研发与生产是中国独立领先世界、具有原始创新的特色产业，开发潜力巨大。特别是绿色建筑与绿色建材、室外高耐候性重组竹系列产品、竹质工程材料、竹集成材、竹材刨花板、竹缠绕复合材料、竹纤维材料等，不仅能为消费者提供物美价廉、低碳环保的建筑建材、家具家装产品，也将为保障国家木材安全、满足人民群众对美好生活的向往和需求、实现乡村振兴和美丽中国战略作出重大贡献。近年来，中国重组竹产业在丰富的原材料资源及国家相关产业政策的支持下，产业规模和产值大幅提升。据初步统计，目前中国现有重组竹厂家 100 多家，其中户外重组竹 30 余家。2018 年重组竹产量是 100 万立方米，户外重组竹约 20 万立方米，年产值达上百亿元。重组竹已成为中国竹材加工产业的主流产品之一。由于

云南竹海（杜小红 摄）

竹家具属于个性化的家具，随着"以竹代木"环保理念的盛行、竹加工工艺技术的突破及消费者认知度的不断提高，在家具业已经产能过剩、产品同质化泛滥的现状下，竹家具反而会在未来五到十年迎来巨大的发展空间，年均增长速度为8%。竹装配式建筑优势在于模块化装配组装、绿色生态节工节料、高效、高附加值，采暖能耗减少20%，地基成本减少20%，墙体重量仅为混凝土墙体的1/7,200平方米竹结构房屋的竹材可储存二氧化碳29吨。

竹工程材料：国内相关单位从2007年起开始研究，经过14年攻关，以竹基为核心及以竹缠绕复合管或管廊为代表的一类新材料产业逐渐成形。大口径竹缠绕压力管道和竹缠绕城市综合管廊的国家标准、行业标准于2020年颁布实施，并进入全面产业化及市场应用阶段。截至2021年年底，竹缠绕技术已建立了完整的国内外知识产权保护系统，已获得授权专利298件，其中发明专利90件。基本构建起相关国家标准、行业标准、企业标准体系，国际标准体系也已取得积极进展。从2009年起，竹缠绕复合管已在浙江、新疆、黑龙江、安徽得到示范应用。生产基地在多地建成投产，产品已在十几个省份得到应用，一个前景达数万亿级的竹缠绕新材料产业雏形业已形成。在国家发展改革委、水利部、住建部等有关部门支持与指导下，组建了"国际竹缠绕产业创新联盟"；2020年11月，中国林产工业协会竹缠绕复合材料产业分会获批成立。在国内，当竹缠绕复合管、管廊、房屋对传统产品的替代率分别为 80% 时，竹缠绕产品年需求量约为 1.08 亿吨，总投资 6570 亿元，产业总产值为 2.16 万亿元，各环节可实现增收 3170 亿元，可实现减碳固碳总量为 2.56 亿吨，约占 2019 年中国碳排放总量的 2.6%。国际上，为加快适应"一带一路"倡议的发展要求，促进竹资源产业国的居民增加就业，提高收入水平，为世界节能减排和消灭贫困贡献"中国力量"。目前中国已与尼泊尔、缅甸、菲律宾、埃塞俄比亚等多个国家达成竹缠绕项目合作协议，预计在未来三至五年，将有 10 个以上竹缠绕项目在海外建成投产，逐步发展形成至少 500 亿美元以上的海外市场规模，带动项目所在国 50 万人脱贫。

四、生态惠民富民能力明显增强

习近平总书记指出，绿水青山和金山银山绝不是对立的，关键在人，关键在思路。林草系统深入贯彻习近平总书记重要指示精神，坚持在保护中发展、在发展中保护，把生态治理与发展特色林草产业有机结合起来，探索生态保护和资源利用新模式，发展以生态产业化和产业生态化为主体的生态经济体系，实现开发一小片、保护一大片的目标，促进了生态美与百姓富的有机统一。

大力推进林草产业发展和生态扶贫，生态惠民富民能力明显增强。全力推进生态扶贫，在一个战场同时打好脱贫攻坚和生态保护两场战役。建立了中央统筹、行业主推、地方主抓的生态扶贫格局，发挥林草行业优势和资源优势，大力推进国土绿化扶贫、生态补偿扶贫、生态产业扶贫三大举措，促进贫困地区农牧民稳定就业增收，助力打赢脱贫攻坚战。在中西部 22 个省（自治区、直辖市）贫困人口中选聘 110.2 万名生态护林员，精准带动 300 多万贫困人口脱贫增收。天然林保护修复、新一轮退耕还林还草等任务和资金向中西部地区倾斜安排，扶持造林种草专业合作社（队）2.3 万个，吸纳 160 万贫困人口参与林草重点工程建设。大力支持贫困地区发展林业产业，带动 1600 多万贫困人口就业增收。帮扶贵州荔波、独山和广西罗城、龙胜 4 个定点县如期脱贫摘帽，22.09 万贫困人口全部脱贫。着力推进巩固拓展生态脱贫成果同乡村振兴有效衔接，保持生态扶贫政策持续稳定，有效促进乡村振兴和共同富裕。

伊春五营区丰林国家自然保护区（刘俊 摄）

伊春五营区丰林国家自然保护区（刘俊 摄）

做大、做强林业产业，打造规模最大的绿色经济体。近年来，我国林业产业一直保持中高速增长态势，年总产值十年增长 1 倍，超过 8 万亿元，林产品进出口年贸易额达到 1600 亿美元以上，十年增长 48.2%，我国成为林产品生产、贸易、消费大国。木竹建材、生物质能源、林草碳汇等新兴产业快速发展，生态旅游、森林康养、木本粮油、林下经济、竹藤花卉等绿色富民产业规模不断扩大，形成了经济林、木竹材加工、生态旅游、林下经济等 4 个年产值超过万亿元的支柱产业。浙江安吉竹产业形成了八大系列 3000 多款产品，建立了从竹材加工到竹废料综合利用的完整产业链，总产值数百亿元，带动近 5 万人就业，实现"一竿翠竹撑起一县经济""一片叶子富了一方百姓"。

调整优化产业结构，促进产业转型升级。林业一、二、三产业由 2012 年的 35∶53∶12 调整为 32∶45∶23，一产、二产加快转型升级，三产贡献率大幅提高。通过培育林业主导产业，产业集中度持续提高，形成了若干特色鲜明的产业集群和产业带。各种新产业新业态纷纷涌现，一大批高科技含量、高附加值的新产品应运而生，绿色生态产品供给能力持续增强。生态旅游和森林康养发展迅猛，建成千余家森林康养基地，确定 96 家首批国家森林康养基地。新建国家林业重点龙头企业 511 个、国家林业产业示范园区 75 个、国家林下经济示范基地 649 个。实施国家森林生态标志产品建设工程，开展林特产品优势区创建工作，推进工商资本"上山入林"发展林业产业。全国林产品电子商务平台上线运行，建成一大批林产品淘宝村。中国义乌国际森林产品博览会近 5 年累计成交额超过 200 亿元，成为亚洲最大的林业展会。

第二章

林业草原国家公园融合发展取得的效应

第一节   林业草原国家公园融合发展的名片效应

一、国家公园：中国生态文明建设的亮丽名片

国家公园已逐渐成为国际社会普遍认同的自然生态保护模式，并被世界大部分国家和地区采用。全世界已有 100 多个国家和地区建立了近万个国家公园，在保护本国自然生态系统和自然文化遗产资源中发挥着积极作用。党

新疆喀纳斯的恐龙滩（刘继广 摄）

的十八届三中全会提出建立国家公园体制。国家发展改革委《关于 2015 年深化经济体制改革重点工作意见》提出在 9 个省份开展"国家公园体制试点"。其后，在北京、吉林、黑龙江、浙江、福建、湖北、湖南、云南、青海、四川启动了 10 个国家公园体制试点。2021 年 10 月，正式设立三江源、大熊猫、东北虎豹、海南热带雨林、武夷山 5 个国家公园。

2021 年 10 月 12 日，在《生物多样性公约》第十五次缔约方大会领导人峰会上，国家主席习近平宣布："中国正式设立三江源、大熊猫、东北虎豹、海南热带雨林、武夷山等第一批国家公园，保护面积达 23 万平方千米，涵盖近 30% 的陆域国家重点保护野生动植物种类。"在联合国首次以生态文明为主题的全球性会议上，国家主席习近平宣布设立国家公园，意味着国家公园已经成为我国生态文明建设中具有世界影响的事件，能够为全球生物多样性保护贡献中国力量。

尽管首批国家公园为数不多，但意义重大。一方面彰显了我国新发展理念。5 个国家公园中，大熊猫、东北虎豹、三江源等 3 个国家公园拥有世界知名的保护物种，在突出生物多样性保护的同时，向世界表明我国今后的发展要更加尊重自然、顺应自然和保护自然，这已经成为中华民族高质量发展的重要理念，也是我国现代化目标的组成部分。另一方面足以体现我国自然生态保护类型的多样。三江源国家公园主要保护"中华水塔"；大熊猫、东北虎豹国家公园主要保护珍贵、濒危野生动物；海南热带雨林、武夷山国家公园则主要保护热带、亚热带重要森林生态系统。

设立国家公园已有悠久的历史。1872年，美国建立了世界上第一个国家公园——黄石国家公园。经过100多年的发展，截至目前，全球已有200多个国家和地区建成5200多个国家公园。

尽管各个国家在公园建设模式、管理体制等方面存在差异，但全球对设立国家公园，给人类留下一块净土、让自然保持美丽容颜方面是有共识的。

目前看，国家公园已成为国民亲近自然、开展科普教育、游憩休闲等活动的重要空间载体。国家公园也往往成为各国统筹生态保护和发展、建设美丽国土最亮丽的名片。

我国国家公园建设是改革之举。尽管我国国家公园建设起步晚，但从其提出伊始就成为我国生态文明建设和美丽中国建设的重要内容，更是生态文明体制改革的一项重大政治任务。

2013年，《中共中央关于全面深化改革若干重大问题的决定》指出，"严格按照主体功能区定位推动发展，建立国家公园体制"。此后，我国陆续推出了10个国家公园体制改革试点，分别是三江源、大熊猫、东北虎豹、祁连山、云南香格里拉普达措、湖北神农架、浙江钱江源、湖南南山、福建武夷山、长城国家公园。仅从保护和开发两个维度看，我国国家公园试点类型存在很大的差异性。一些试点的国家公园已进行了高强度的开发，是国家级风景名胜区，如长城国家公园；一些则人烟

黄龙五彩池（高屯子 摄）

稀少，自然保护重要性突出，如三江源国家公园。这种差异表明当时设立国家公园的理念并不十分清晰，还处于探索的阶段。

2017年，《建立国家公园体制总体方案》印发，提出着力解决自然保护区、风景名胜区、国家森林公园、国家地质公园、国家湿地公园等多种保护地"帽子"重叠、空间范围不一致、保护目标冲突、实施政策不协调、政出多门、自然保护地不成体系等问题。

2019年，中办、国办印发《关于建立以国家公园为主体的自然保护地体系的指导意见》，以国家公园为主体的自然保护地体系建设成为这一阶段我国生态文明体制改革一项重要的政治任务。国家开始调整、优化国家公园的试点方案，撤销了长城国家公园，增补了海南热带雨林国家公园。

党的十九大以来，国家公园建设方案日趋科学合理。在这个时间点，国家启动第二次青藏科考。在科考过程中，推出了"青藏高原国家公园群"的概念和科学方案，旨在依托青藏高原独特的自然和人文景观，基于一系列自然生态系最重要、自然景观最独特、自然遗产最精华、生物多样性最富集的国家公园备选地组成具有全球影响的"国家公园群"。

从全国范围来看，基于在主体功能区研究的基础评价中，对我国自然生态和社会经济发展格局的科学认识，我国大约有60%的区域生态重要性和生态脆弱性极高，承担着重要的生态安全屏障使命，但同时这些区域经济发展落后，人民生活较为贫困。在生态重要功能区的范围内，具备建设国家公园条件的区域，往往在自然景观、文化遗产等方面具有显著价值，具有发展生态旅游、科普教育、提升环境伦理的优势条件。

依托绿水青山，以国家公园为载体，转换为金山银山，无疑成为生态重要但相对贫困区域一次重要的可持续发展机遇、一条实现同步现代化的新路径，践行了习近平总书记所说的"生态是我们的宝贵资源和财富"的理念。

建立国家公园体制是生态文明和美丽中国建设的重大制度创新。习近平总书记亲自谋划、亲自部署、亲自推动国家公园工作，先后作出一系列重要指示批示，审定一批国家公园体制试点方案，多次赴国家公园考察指导，为推进国家公园建设提供了遵循、指明了方向。自党的十八届三中全会首次提出建立国家公园体制以来，党中央、国务院先后印发实施一系列国家公园重要文件，各地区各部门大胆创新、不断探索，推进建立中国特色国家公园体制取得了重大进展。

建设以国家公园为主体的自然保护地体系，是一项伟大事业，也是一项全新工作，任重而道远。进入新发展阶段，要进一步创新思路，强化措施，不断提高建设管理水平，切实保护好最重要的自然生态系统，努力打造生态文明新标杆和美丽中国新名片。

二、林草绿色发展：美丽中国必将铺展更加壮美的图景

生态兴则文明兴，生态衰则文明衰。良好生态环境是最公平的公共产品，是最普惠的民生福祉。走向生态文明新时代，建设美丽中国，是实现中华民族伟大复兴中国梦的重要内容。拥有天蓝、地绿、水净的美好家园，是每个中国人的梦想，是中华民族伟大复兴中国梦的重要组成部分。林草绿色是大地的背景色，林草业经营面积约占国土面积的 2/3，林草业是美丽中国建设的主战场，党的十八大以来，在习近平生态文明思想的指引下，林草业步入快速发展时期，正在为美丽中国铺展更加壮美的图景。

2021 年，三江源、大熊猫、东北虎豹、海南热带雨林、武夷山国家公园正式设立，中国构建以国家公园为主体的自然保护地体系进入了新阶段。国家公园里的当地居民在长期生产生活中，形成了具有显著地域特色的民族文化、民俗文化、农耕文化，表现出明显的文化多样性特征，且大多具有生态环境保护、资源持续利用的生态文化内涵，是国家公园和自然保护地建设中不可忽视的重要方面。

大江大河是生态系统的重要组成部分，保护河湖水资源、维护河湖生态系统完整性，是贯彻落实绿色发展理念、推进生态文明建设、建设美丽中国的必然要求。

长江作为中华民族的母亲河，其保护与治理有着举足轻重的意义。2020年 12 月 26 日，作为一部保护长江全流域生态系统，推进长江经济带绿色发展、高质量发展的专门法和特别法，《长江保护法》正式出台，促进长江生态系统步入良性循环轨道的多元共治大幕拉开，《长江保护法》正式施行起到很好的示范效应。重庆发布《非法捕捞犯罪量刑指引》，出台服务保障"十年禁渔" 10 条意见，将《长江保护法》落到司法实处，加强长江经济带和成渝地区环境资源司法协作，设立跨域巡回法庭，共建跨省司法协作生态保护基地，为加快建设长江上游重要生态屏障和山清水秀美丽之地提供了司法服务

和保障。

2020 年，我国长江干流岸线整治取得明显成效：涉嫌违法违规的 2441 个项目，已完成清理整治 2414 个，整改完成率为 98.9%，共腾退长江岸线 158 千米，完成滩岸复绿 1213 万平方米。长江干流河道更加畅通，岸线面貌明显改善，生态环境有效修复，取得了显著的防洪效益、生态效益和社会效益。国家发展改革委发布的最新数据显示，2020 年 1 至 11 月，长江流域优良断面比例提升至 96.3%。2020 年首次实现消除劣 V 类水体，长江流域水质发生了显著变化。

"让黄河成为造福人民的幸福河"，2020 年黄河流域沿线城市坚持生态优先、绿色发展，以水而定、量水而行，共同抓好大保护，协同推进大治理，促进黄河流域高质量发展。位于黄土高原的陕西，大力实施水土保持大治理，让荒山荒沟由"黄"变"绿"；祖国西北内陆的宁夏，率先开展水权有偿转换和水权交易，不仅解决了工业发展用水指标短缺问题，还使水权交易资金反哺农业振兴；河西走廊东部的甘肃武威，创新探索与水资源承载能力相适应的生态和经济结构体系，以水定产倒逼产业转型，实现了节水与农民增收双赢。

从长江到黄河，一场深刻的绿色变革已经开启。生机勃勃的长江经济带、旧貌换新颜的黄河流域，正崛起成为新时代高质量发展的主力军。

良好生态是最普惠的民生福祉。14 亿人民是绿色发展的受益者，更是生态文明的建设者。2020 年，上下同心、干群同力，中国已汇聚出强大的"绿色合力"。迈入"十四五"，坚持"绿水青山就是金山银山"理念，让守护碧水蓝天成为全民共识，遥望星空、看见青山、闻到花香的梦想定会离每一个中国人越来越近。

"推动经济高质量发展，决不能再走先污染后治理的老路。只要坚持生态优先、绿色发展，锲而不舍，久久为功，就一定能把绿水青山变成金山银山。"党的十八大以来，"绿水青山就是金山银山"理念指引中国经济社会实现绿色崛起。

地处沙漠边缘的新疆阿勒泰，以沙为媒加快沙海播绿步伐，依靠种植"黄金小果"沙棘，昔日"穷荒绝漠鸟不飞"的不毛之地，今朝黄龙伏地，生机勃发。沙棘产业已让 2.5 万人从中受益，辐射和间接带动 5 万余人实现就业，全地区的沙棘总产值达 2.7 亿元。

黄龙五彩池（高屯子 摄）

在青海共和县塔拉滩光伏产业园内，一片片光伏电板下长满了茂盛的青草，羊群在光伏电板下悠闲吃草。共和县以绿色发展理念为先导，大规模发展光伏清洁能源，既解决了生产生活用能问题，又让村民们在光伏园区放羊获得可观收益，百姓的生活更加有盼头。

在老区福建南平，顺昌县立足丰富的森林资源优势，创新推出"一元碳汇"机制。依托专业技术团队精准测算出杉木、马尾松、阔叶树、毛竹等树种的碳汇量，并上线销售。"一元碳汇"为全县 90 户贫困户每年增收 30 多万元。

在云南抚仙湖畔，为使山湖同保、水湖共治、产湖俱兴、城湖相融、人湖和谐，澄江市探索生态型产业发展。实施抚仙湖径流区耕地休耕轮作和农业种植结构优化，打造绿色烤烟基地 2 万亩，发展高原特色生态观光休闲农业和旅游艺术衍生品制造加工业，一、二、三产业和谐发展。

"生态本身就是经济，保护生态就是发展生产力。""人不负青山，青山定不负人。"不只是新疆、青海、福建、云南，在祖国的大江南北，让"绿水青山"真正转化成"金山银山"的梦想已照进现实。

长江上游湿地（高屯子 摄）

三、致力生态文明建设，擦亮绿色城市名片

习近平总书记强调："我国进入高质量发展阶段，生态环境的支撑作用越来越明显。"生态环境保护和经济社会发展不是矛盾对立的关系，而是辩证统一的关系。人民群众过去"盼温饱"现在"盼环保"，过去"求生活"现在"求生态"，如何抓住生态文明建设的重点，书写城市高质量发展绿色答卷，需要我们因地制宜，把绿色发展理念贯穿城市工作各个方面。

为了深入探索建设什么样的生态文明、怎样建设生态文明，2016 年以来，我国先后在福建、江西、贵州和海南四省开展国家生态文明试验区建设。"上截、中蓄、下排"的海绵城市建设，"多规合一"与项目审批模式改革，森林城市、森林小镇、美丽乡村建设，各试验区基于各自生态优势，在机制创新、制度供给、模式探索上大胆探索、先行先试，不仅成为中国生态文明建设的生动样板，而且形成了一批可复制、可推广的改革举措和经验做法。2020 年 11 月，国家发展改革委印发《国家生态文明试验区改革举措和经验做法推广清单》，梳理出国土空间开发保护、环境治理体系、生态补偿等 14 个方面共 90 项的改革举措和经验做法。对于这些"试验田"结出的"生态果"，其他城市充分借鉴、积极创新，有助于让良好生态环境成为人民幸福生活的增长点，成为经济社会持续健康发展的支撑点，成为展现城市良好形象的发力点。

国家森林城市，是指城市生态系统以森林植被为主体，城市生态建设实现城乡一体化发展，各项建设指标达到标准并经国家林业主管部门批准授牌的城市，是全面推进我国城市走生产发展、生活富裕、生态良好发展道路的重要途径。2004 年以来，特别是党的十八大以来，国家"十三五"规划、国家区域发展战略等一系列重大部署明确了森林城市建设的重要任务，森林城市建设战略地位进一步提升，成为国家发展战略的重要内容，森林城市建设进入了快速发展、科学推进的新阶段。截至 2021 年，全国已有 387 个城市开展国家森林城市创建，19 个省份开展了省级森林城市创建活动，11 个省份开展了森林城市群建设，形成了跨区域、覆盖城乡的建设体系，探索出一条具有中国特色的森林城市建设之路，取得了令人瞩目的成效。

森林城市建设加快了城乡生态建设步伐。据统计，每个创森城市平均每年完成新造林面积占市域面积 0.5% 以上，城市生态空间不断扩大，城市群自然生态功能、区域发展生态承载力不断提升，为维护区域生态安全、推动区域社会经济持续发展提供了生态支撑。森林城市建设始终坚持绿化为民、绿化惠民理念，积极推进森林进单位、进社区、进乡村，大力发展生态旅游、休闲康养等生态产业，促进了地方产业结构调整和农民增收致富，创森城市居民支持率和满意度始终保持在 95% 以上。森林城市建设增强了全民生态意识，成为传播生态文明理念、全面展示我国生态文明建设成果和树立良好国家形象的重要平台和窗口。

第二节   林业草原国家公园融合发展的工程效应

一、"三北"防护林体系工程建设：筑起中国绿色长城

1978 年，中国决定在西北、华北北部、东北西部风沙危害、水土流失严重的地区，建设"三北"防护林工程。整个工程从东到西，从南到北，途经 13 个省、自治区、直辖市的 559 个县（旗、区、市），总面积约 406.92 万平方千米，占中国陆地面积的 42.4%。1979 年开始实施，历时 71 年，分 3 个阶段、8 期工程进行，规划造林 5.35 亿亩。到 2050 年结束时，"三北"地区的森林覆盖率将由原先的 5.05% 提升至 14.95%。

在"三北"工程上马以前，发展林业的主要目的是保持木材的持续供给，至于森林的生态作用，只是满足木材生产前提下的协同需求。1978 年"三北"工程的启动，标志着对森林的多种功能和效益的理性认识已经成为政府决策的理论依据，生态建设已经成为林业建设的主要任务之一，林业建设走向商品林业与生态林业并举的时代。后来，中央进一步提出，保护生态环境就是保护生产力，改善生态环境就是发展生产力。"治水之本在治山，治山之道在兴林"的基本规律，林业的生态作用得到充分肯定。

"三北"防护林体系工程建设为我国北方风沙地区筑起一道绿色长城，产生了巨大的综合效益。

（1）生态效益显著。一是防沙治沙实现历史性突破，重点治理地区沙化土地面积和沙化程度呈"双降"趋势。营造防风固沙林 806.7 万公顷，治理沙化土地 33.62 万平方千米。"三北"地区沙化土地和荒漠化土地连续 10 年呈现"双缩减"。二是防治水土流失成效显著，局部地区水土流失面积和侵蚀强度呈"双减"趋势。累计营造水土保持林和水源涵养林近 966.2 万公顷。重点治理的黄土高原，植被覆盖度从 1999 年的 31.6% 增加到现在的 59.6%，60% 的水土流失面积得到不同程度的控制，600 多条小流域得到了有效治理，年入黄泥沙减少 4 亿吨左右。三是平原农区防护林体系基本建成，粮食产量和农田面积呈"双增"趋势。营造农田防护林 280.6 万公顷，有效庇护农田 2248.6 万公顷，工程区农田林网化程度达到 68%。

（2）经济效益突出。一是经济林效益突出。"三北"地区经济林面积达667万公顷，年产干鲜果品4800万吨，产值达到1200亿元，约1500万人依靠特色林果业实现了稳定脱贫。二是林副经济效益突出。各地积极发展林粮间作、林药间作、林下养殖、林间种植等产业，林下经济效益日益彰显。一些地区农民的涉林收入已经占到总收入的50%以上。三是生态旅游效益明显。据不完全统计，"三北"地区森林旅游接待游客3.8亿人次，旅游直接收入达480亿元。

（3）社会效益显著。一是人民力量凝聚的"三北"精神，为实现美丽中国汇聚了精神财富。"三北"人民用40多年坚持不懈的顽强拼搏和无私奉献，谱写了一曲曲改善生态、感天动地的绿色壮歌，涌现了一大批以王有德、石光银、牛玉琴、石述柱、殷玉珍等为代表的英雄模范。二是"绿色长城"树起了一面旗帜，为我国在国际社会赢得了崇高荣誉。1987年以来，先后有三北局、宁夏中卫、新疆和田等十几个单位被联合国环境规划署授予"全球500佳"奖章。2003年12月28日，"三北"防护林工程获得"世界上最大的植树造林工程"吉尼斯证书，成为我国在国际生态建设领域的重要标志和窗口。三是绿色惠民效应越来越凸显。近年来，"三北"工程区坚持把工程建设同改善人居环境相结合，有力促进了村容村貌、人居环境的改善与美化，促进了和谐社会的建设。

二、防护林体系工程建设：构筑生态屏障

在我国，根据防护目的和效能，防护林分为水源涵养林、水土保持林、防风固沙林、农田牧场防护林、护路林、护岸林、海防林、环境保护林等。

从20世纪80年代起，国家着手建设以保护和改善自然生态环境、实现资源可持续利用为主要目标的林业生态工程。防护林体系工程是中国生态工程建设的基本框架，覆盖了我国的主要水土流失、风沙危害和台风、盐碱区。防护林体系包括四大工程类型：

一是"三北"防护林体系工程，是世界上最大的生态工程，地跨东北、华北、西北，总面积406万平方千米，占国土面积的42%。这里是我国沙漠戈壁集中分布的地区，水土流失严重，生态环境脆弱，加强这一地区的国土整治，搞好防护林体系工程，对促进生态环境向良性循环转化和振兴地区经

森林走进徐州城（国家林业和草原局宣传中心 供图）

济有重要意义。

二是长江中上游防护林体系工程，是中国为综合治理江河而首次实施的大规模林业生态工程。这是关系到长江中上游水土保持及长江流域生态环境和社会经济可持续发展的重大工程，对于整个长江流域的国土安危也具有特别重要的意义。

三是沿海防护林体系工程，是以海岸线为主线，区别不同的海岸地貌类型，建立的一个多林种、多树种、多功能的防护林体系。该防护林体系是我国经济重点地区，以防风与保护农田为主，绿化万里海疆，改善沿海地区的生态环境，对促进沿海地区经济发展有重要意义。

四是平原农田防护林体系，是以县、市为单位，以农田防护网为主体，以防护林带、农林间作、田旁植树、成片造林为主要内容的带网片点相结合的农田防护林体系。

从生态屏障效应考虑主要有"三北"防护林工程、沿海防护林体系建设工程、长江流域等防护林体系建设工程、珠江流域防护林体系建设工程。

"三北"防护林工程的生态屏障效应：重点治理地区沙化土地和沙化程度呈"双降"趋势，内蒙古、陕西、宁夏等8个省（自治区）实现了由"沙进人退"向"人进沙退"的重大转变，毛乌素、科尔沁两大沙地的扩展趋势实现全面逆转。局部地区水土流失面积和侵蚀强度呈"双减"趋势，水土保持效益显著，重点治理的黄土高原地区近50%的水土流失面积得到不同程度治理，土壤侵蚀模数大幅度下降，年入黄河泥沙减少4亿多吨。在东北、华

北平原等重点农区，基本建成了规模宏大的农田防护林体系，有效庇护农田2248.6 万公顷，农田林网化程度达到 68%。

沿海防护林体系建设工程的生态屏障效应：防护林体系框架基本形成。新造、更新海岸基干林带 17478 千米，初步形成以村屯和城镇绿化为"点"、以海岸基干林带为"线"、以荒山荒滩绿化和农田林网为"面"的点、线、面相结合的沿海防护林体系框架。生物多样性更加丰富。工程区现有红树林成林面积 29.9 万公顷，建立 29 处红树林自然保护区，其中海南东寨港等 5 处红树林类型湿地被列入国际重要湿地名录，一大批濒危物种得到有效保护，野生动植物种群数量明显回升。人居环境显著改善。沿海防护林体系建设结合区域绿化美化，加快了城乡绿化一体化进程，极大地改善了沿海地区的人居环境。特别是很多滨海城市已经成为林带纵横、绿树成荫、人居适宜、经济繁荣的现代化城市，提升了我国城市的建设水平。

长江流域等防护林体系建设工程的生态屏障效应：通过三期工程的实施，工程区森林植被得到有效恢复，林分结构得到优化，林地生产力和生态防护功能显著提高，流域水土流失面积逐年下降，滑坡、泥石流灾害明显减轻，生物多样性明显改善，有效抑制了钉螺孳生，减少了血吸虫滋生场所。初步构建完善的长江流域生态防护林体系，长江流域成为我国重要的生物多样性富集区、森林资源储备库和应对气候变化的关键区域。

珠江流域防护林体系建设工程的生态屏障效应：从 1993—2020 年连续三期工程的实施，增强了森林保持水土、涵养水源及减少洪灾、泥石流、滑坡等自然灾害的能力，西江流域（包括南盘江、北盘江）、北江流域土壤侵蚀量明显下降。广东省东江、西江、北江中上游水质保持在Ⅱ类以上，新丰水库等大型水库水质保持在Ⅰ类水质标准。森林保持水土、涵养水源、防御洪灾与泥石流等自然灾害的能力显著增强，水域水质明显提升，有效保证了珠江流域流经区域特别是香港、澳门特区的饮用水安全。

三、绿色增长对生态文明建设的贡献

党的十八大作出"大力推进生态文明建设"的战略决策，阐明了生态文明建设的重大成就、重要地位、重要目标，全面深刻地论述了生态文明建设的各方面内容，从而完整描绘了今后相当长一段时期我国生态文明建设的宏伟蓝图。建设生态文明，顺应了人民群众对改善生态的迫切愿望和美好期盼。随着生产生活水平的提高和思想观念的进步，绿色和生态成为老百姓追求幸福生活的新要求，成为党和政府改善民生的重要内容。大力推进生态文明建设，不断满足人民对良好生态环境和优质生态产品的需求，以提升人民的福祉，为建设美丽中国增色添彩。林业草原国家公园融合发展在生态文明建设中的重要作用日益凸显，其贡献体现在以下几方面：

（一）林草业是生态建设的主攻手之一

林草业承担着保护森林、草原湿地、荒漠四大生态系统和维护生物多样性的重要任务，是生态文明建设的关键领域、生态产品生产的主要阵地和美丽中国建设的核心元素。林草业不仅有生态功能的公益性，又是绿色经济的宝库，还担负着重要的民生意义。林业主要分布在山区和丘陵地区，关系到几亿人口的就业和生计，是"三农"的重要组成部分。建设生态文明是林草业的总目标，发展生态林业和民生林业是林草业的总任务，两者相辅相成，相互促进。

（二）林草业是生态文明建设的关键领域

人类文明起源于森林，森林是陆地生态系统的主体，对改善生态环境、维持生态平衡、保护人类生存发展的"基本环境"起着决定性和不可替代的作用，林草业在生态文明建设中具有首要地位。林草兴则生态兴，生态兴则文明兴。发达的林草业、良好的生态，已经成为国家文明和社会进步的重要标志。

市汤旺河畔（刘俊 摄）

（三）林草业是巨大的绿色资源宝库

林草业具有可循环可再生的独特优势，是发展绿色经济、低碳经济、循环经济的潜力所在。丰富的林草资源，是改善生态、改善民生的物质基础，也是建设生态文明的根本保障。党的十八大提出，着力推进绿色发展、循环发展、低碳发展。而推进绿色发展的优势在林、潜力在林。林草业要承担起促进绿色发展的重大职责，要通过做大做强林草业，充分发挥林业在推动绿色增长、保障市场供给、促进就业增收等方面不可替代的重要作用。推进绿色发展，是林草业担负的重要使命和根本任务。大力发展林草产业，既是实现农民"收入倍增"目标的最大潜力所在，又是推动绿色发展的最佳途径。要坚持合理利用林草资源，大力发掘林地资源、物种资源和林产品市场的巨大潜力，发挥林草业产业的丰富性和多样性，大力发展绿色产业，努力满足社会对绿色林草产品的需求，增加绿色经济总量。

（四）林草业是生态产品生产的主要阵地

党的十八大强调，增强生态产品生产能力。生态产品是维系生态安全、保障生态调节功能、提供良好人居环境的自然要素，包括优美环境、清新空气、清洁水源、宜人气候、安全生态和绿色产品等。生态产品是生态文明建设的核心，生态产品生产及生态服务能力，影响着经济社会发展全局，决定着人们的安全感和幸福感。因此，必须努力建设和保护好林地、草地、湿地、沙地及森林植被，充分发挥它们的生态、经济和社会效益，为社会提供更多更好的林草产品、生态产品和生态文化产品，让人民享受生态，兴林致富。

第三节　林业草原国家公园融合发展的示范效应

一、山水林田湖草沙系统治理示范引领及效应

十八大以来，我国生态保护修复实现了重大转变。全面加强生态保护修复，推动山水林田湖草沙系统治理、整体保护和科学修复，实现了从"单系统单要素"向"全系统全要素"、从"各自为政、单兵作战"向"统筹协同、集团作战"转变，从注重数量向数量与质量并重转变，从重视增量向增量与存量并举转变。通过以国土"三调"数据为底数及开展造林绿化空间适宜性评估，实施重要生态系统提级保护、划定并坚守生态保护红线及落地上图等措施，初步实现了重大生态修复及国土绿化工程的科学精细化管理，开创了全面保护天然林、草原、湿地、沙区植被和野生动植物的新局面，提高了我国在生态系统和生物多样性保护修复方面的引领者地位及示范效应。

（一）山水林田湖生态保护修复试点工程示范效应显著

党的十八届五中全会提出，实施山水林田湖生态保护和修复工程，筑牢生态安全屏障。中共中央、国务院印发的《生态文明体制改革总体方案》要求整合财政资金，推进山水林田湖生态修复工程。为抓好贯彻落实，2016 年 9 月，财政部、国土资源部、环境保护部印发《关于推进山水林田湖生态保护修复工作的通知》。2017 年 11 月，财政部、国土资源部、环境保护部印发《关于修订〈重点生态保护修复治理专项资金管理办法〉的通知》，正式设立专项资金在全国推进山水林田湖生态保护修复工程试点工作。

2016 年以来，财政部、自然资源部、生态环境部支持 24 个省（自治区、直辖市）实施了 25 个山水林田湖草生态保护修复工程试点，开展"蓝色海湾"整治行动、海岸带保护修复工程、渤海综合治理攻坚战行动计划、红树林保护修复专项行动。其中 2016 年 5 个项目，中央财政投入 100 亿元，重点实施矿山环境治理恢复、推进土地整治与污染修复、开展生物多样性保护、

推动流域水环境保护治理、全方位系统综合治理修复 5 大类工程；2017 年 6 个项目，中央财政投入 120 亿元，重点实施森林保护修复和水源涵养功能提升、生物多样性保护、矿山环境治理恢复、土地整治与修复、重点流域源头区水质保护和提升 5 大类工程；2018 年 12 个项目，中央财政投入 140 亿元，主要支持影响国家生态安全格局的核心区域，关系中华民族永续发展的重点区域和生态系统受损严重、开展治理修复最迫切的关键区域开展生态环境保护及修复工作。

截至 2021 年，工程实际完成投资 1884 亿元，其中，中央财政累计下达基础奖补资金 500 亿元，惠及 65 个国家级贫困县，基本实现了对我国具有代表性的重要生态系统的全覆盖。山水林田湖草生态保护修复试点工程的示范效应显著：

（1）在任务目标的确定上，坚持系统观念，以区域、流域为单元，统筹各自然生态要素，实行整体保护、系统修复和综合治理，突出自然地理单元的完整性、生态系统的关联性和修复目标的综合性。

（2）在组织实施上，坚持权责对等，初步建立了"部门协同、上下联动、省负总责、市县抓落实"的工作机制，进行统筹谋划、协同推进，解决条条分割、条块分割和各自为战的问题。

（3）在修复模式的选择上，坚持因地制宜，根据不同情况，按照问题导向，将整个修复区域划分成不同的修复单元，按照实际需要采取保护保育、自然恢复、辅助修复、生境重建等不同的修复方式和措施，不搞整齐划一，克服工程思维和过度修复问题。

（4）在资金筹措投入上，坚持两条腿走路，在中央财政奖补、地方财政投入的同时，综合运用土地政策、金融工具、推进产业融合等措施，探索建立多元化的投入机制。

（二）山水林田湖草沙系统治理向纵深推进

2021 年 2 月，财政部办公厅、自然资源部办公厅和生态环境部办公厅联合印发《关于组织申报中央财政支持山水林田湖草沙一体化保护和修复工程项目的通知》，通知提出，中央财政将对每个支持项目安排不超过 20 亿元的奖补资金，主要用于支持属于中央与地方共同财政事权范围的重点生态地区开展生态保护修复。2021 年重点支持"三区四带"重点生态地区项目，突出对国家重大战略的生态支撑，着力提升生态系统质量和稳定性。同时，支持项目必须围绕国家重点区域开展，体现整体性、系统性、科学性。4 月，财政部会同自然资源部、生态环境部通过竞争性评审确定了第一批 10 个纳入中央财政支持的山水林田湖草沙一体化保护和修复工程，中央财政支持 200 亿元。

由"十三五"期间的山水林田湖草生态保护修复工程试点，到"十四五"的山水林田湖草沙一体化保护和修复，山水林田湖草沙系统治理思路不断清晰，体系不断完善，中央财政投入不断加大，带动和引领作用不断增强，示范效应不断彰显。随着生态治理向纵深推进，生态状况迅速改善，生态质量从长期处于总体恶化的态势向稳中向好态势转变。

通过修复水生生态，还生命以家园。2020 年长江、黄河、珠江、松花江、淮河、海河、辽河七大流域和浙闽片河流、西北诸河、西南诸河的 1614 个水质断面中，Ⅰ~Ⅲ类水质断面占 87.4%，比 2019 年上升 8.3 个百分点；劣 Ⅴ 类占 0.2%，比 2019 年下降 2.8 个百分点，大江大河干流水质稳步改善。内蒙古自治区乌梁素海就是山水林田湖草沙综合治理试点项目的典型代表。该流域地处内蒙古西部巴彦淖尔市境内，西连乌兰布和沙漠，南临黄河，东部毗邻乌拉山国家森林公园，北部与阴山山脉和乌拉特草原相接，包含河套平原的广大地区，流域总面积约 1.63 万平方千米，处于国家"两屏三带"生态安全战略格局中"北方防沙带"的关键地区，是我国第八大淡水湖，也是黄河流域最大的功能性湿地，承担着调节黄河水量、保护生物多样性、改善区域气候等重要功能，是黄河生态安全的"自然之肾"。同时，流域腹地的河套灌区是中国三大灌区之一和重要的商品粮油生产基地，是引领国家实施质量兴农战略的重点区域。乌梁素海流域既是黄河中上游最大的农业用水区，更是最大的自然净化区，每年经三盛公水利枢纽灌溉耕地 73 万余公顷，最后全部退入乌梁素海，经其净化后由乌毛计泄水闸统一排入黄河。乌梁素海曾经接纳河套灌区 90% 以上的农田灌溉退水、生活污水和工业废水，20 世纪 80 年代以后水质日益恶化，生态功能逐步退化，对黄河水生态安全造成严重威胁。2005—2014 年，湖区水质一直徘徊在劣 Ⅴ 类，其中 2008 年乌梁素海水污染达到顶峰，湖区一度爆发大面积"黄藻"。近年来，乌梁素海流域在持续推进山水林田湖草沙一体化保护修复的基础上，于 2018 年纳入国家第三批生态保护修复工程试点，修复工程围绕"山、水、林、田、湖、草、沙"等生态要素，对流域内 1.63 万平方千米范围实施全流域、系统化治理。截至 2020 年年底，已完成乌兰布和沙漠综合治理面积 2667 公顷，有效遏制了沙漠东侵，阻挡了泥沙流入黄河侵蚀河套平原。受损山体得到了修复，矿山地形地貌景观恢复了 60% 以上。项目区内河道水动力、水循环水质持续改善。2019 年，乌梁素海整体水质达到 V 类，栖息鸟类的物种和数量明显增多，目前有鱼类 20 多种，鸟类 260 多种 600 多万只，包括国家一级保护动物斑嘴鹈鹕，以及国家二级保护动物疣鼻天鹅、白琵鹭等，其中疣鼻天鹅的数量从 2000 年的 200 余只增加到现在的近千只。

通过修复陆生生态，还山河以绿色。绿地空间不断扩大，生态系统稳定性增强。我国森林覆盖率已由 20 世纪 70 年代初的 12.7% 提高到 2020 年年底的 23.04%，森林蓄积量超过 175 亿立方米，森林面积和蓄积 30 多年保持双增长，为全球森林资源增长最多的国家，人工林面积长期居世界首位。森林质量不断提升，生态功能持续改善。森林植被的总碳储量达到 89.8 亿吨，年涵养水源 6289.5 亿立方米，年固定土壤 87.48 亿吨。截至 2021 年 4 月，全国草原综合植被盖度达 56.1%，比 2011 年增加了约 5 个百分点。根据第二次全国湿地资源调查，我国湿地总面积为 5360.26 万公顷，居亚洲第一位、世界第四位。截至 2020 年 9 月，国家林业和草原局公布了 64 个中国国际重要湿地。"十三五"期间，全国新增湿地面积达 20 多万公顷。我国已初步建立以国家公园、湿地自然保护区、湿地公园为主体的湿地保护体系，湿地保护率达 52% 以上。

通过防治水土流失，还大地以根基。2020 年，全国水土流失面积 269.27 万平方千米，占国土面积（未含香港、澳门特别行政区和台湾省）的 28.15%，较 2019 年减少 1.81 万平方千米，减幅 0.67%。与 20 世纪 80 年代监测的我国水土流失面积最高值相比，全国水土流失面积减少了 97.76 万平方千米。全国水土流失状况呈现面积强度"双下降"、水蚀风蚀"双减少"态势。

通过海洋生态保护修复，还地球家园美丽蓝色。陆续开展沿海防护林、滨海湿地修复、红树林保护、岸线整治修复、海岛保护、海湾综合整治等工作，局部海域生态环境得到改善，红树林、珊瑚礁、海草床、盐沼等典型生境退化趋势得到初步遏制，近岸海域生态状况总体呈趋稳向好态势。

推进以国家公园为主体的自然保护地体系建设，生物多样性保护取得积极成效。自然保护区数量逐年增加，保留了各种类型的生态系统，为保持生物多样性、保护自然本底奠定了根基。90% 的典型陆地生态系统类型、85%

的野生动物种群和 65% 的高等植物群落纳入保护范围。大熊猫、朱鹮、东北虎、藏羚羊、苏铁、兰科植物等濒危野生动植物种群数量呈稳中有升态势。

二、国家生态文明试验区（福建、江西、贵州）的示范效应

党的十八届五中全会和"十三五"规划纲要明确提出设立统一规范的国家生态文明试验区。建设国家生态文明试验区的目的，一是更好地贯彻落实中央决策部署。设立国家生态文明试验区，就是要把中央关于生态文明体制改革的决策部署落地，选择部分地区先行先试、大胆探索，开展重大改革举措的创新试验，探索可复制、可推广的制度成果和有效模式，引领带动全国生态文明建设和体制改革。二是充分发挥地方首创精神。实践证明，改革开放中很多重大政策的出台和体制改革，都是从地方实践上升为国家大政方针的。试验区建设能够发挥地方的主动性、积极性和创造性，把中央决策部署与各地实际相结合，有利于地方多出实招。三是凝聚形成改革合力。将各地、各部门根据中央部署开展的以及结合本地实际自行开展的生态文明建设领域的试点示范规范整合，具备条件的，统一放到试验区这个平台上，能够集中改革资源，凝聚改革合力，实现重点突破。

2016 年，国家分别在福建省、江西省、贵州省设立国家生态文明试验区，其出发点一是三省均为生态环境基础较好、省委省政府高度重视的地区；二是三省经济社会发展水平不同，具有一定的代表性，有利于探索不同发展阶段的生态文明建设的制度模式。3 个省均出台了《国家生态文明试验区实施方案》，提出了明确的试验目标、定位和重点任务。经过 5 年多的试点建设，目标初步实现，尤其是涉及空间规划体系和用途管制制度、自然资源统一确权登记管理等绿色屏障建设制度，绿色发展市场机制、绿色金融制度等绿色发展制度，绿色评价考核制度、自然资源资产负债表编制、领导干部自然资源资产离任审计、环境保护督察制度、生态文明建设责任追究制等绿色绩效评价考核机制等一系列重大制度创新试验已经或正逐步在全国推广，取得巨大示范效应。

（一）国家生态文明试验区（福建）方案及示范效应

福建方案的战略定位在 4 个方面：

（1）国土空间科学开发的先导区。开展省级空间规划编制试点，推进

"多规合一"省域全覆盖，健全国土空间开发保护制度，划定并严守生态保护红线，加快构建以空间规划为基础、以用途管制为主要手段的国土空间治理体系。

（2）生态产品价值实现的先行区。积极推动建立自然资源资产产权制度，推行生态产品市场化改革，建立完善多元化的生态保护补偿机制，加快构建更多体现生态产品价值、运用经济杠杆进行环境治理和生态保护的制度体系。

（3）环境治理体系改革的示范区。完善流域和海洋生态环境治理机制，建立农村环境治理体系，健全防灾减灾体系，完善环境管理制度，健全环境资源司法保护机制，加快构建监管统一、执法严明、多方参与的环境治理体系。

（4）绿色发展评价导向的实践区。探索建立生态文明建设目标评价考核制度，开展自然资源资产负债表编制、领导干部自然资源资产离任审计和生态系统价值核算试点，加快构建充分反映资源消耗、环境损害和生态效益的生态文明绩效评价考核体系。

提出六大重点任务：

（1）建立健全国土空间规划和用途管制制度。开展省级空间规划编制试点，推进"多规合一"；建立建设用地总量和强度双控制度，加强土地利用规划"三界四区"和城乡规划"三区四线"管理；健全国土空间开发保护制度，完善基于主体功能定位的国土开发利用差别化准入制度，在重点生态功能区实行产业准入负面清单；推进国家公园体制试点，建立武夷山国家公园。

（2）健全环境治理和生态保护市场体系。培育环境治理和生态保护市场主体，探索利用市场化机制推进生态环境保护；建立用能权交易制度，推动开展跨区域用能权交易；建立碳排放权交易市场体系，开展林业碳汇交易试点，研究林业碳汇交易规则和操作办法，探索林业碳汇交易模式；完善排污权交易制度，探索推进流域内跨行政区排污权交易，推行排污权抵押贷款等融资模式；构建绿色金融体系，积极推动绿色金融创新。

（3）建立多元化的生态保护补偿机制。完善流域生态保护补偿机制，鼓励受益地区与生态保护地区、流域下游与上游加大横向生态保护补偿实施力度；完善生态保护区域财力支持机制，建立稳定投入机制，加大对重点生态保护区域的补偿力度；完善森林生态保护补偿机制，完善生态公益林补偿机制，研究建立森林管护费稳步增长机制，深化林权制度改革，研究、探索、建立多元化赎买资金筹集机制。

（4）健全环境治理体系。完善流域治理机制，全面落实"河长制"；完善海洋环境治理机制，建立农村环境治理体制机制，健全环境保护和生态安全管理制度，完善环境资源司法保护机制，完善环境信息公开制度。

（5）建立健全自然资源资产产权制度。建立统一的确权登记系统，建立自然资源产权体系，开展健全自然资源资产管理体制试点。

（6）开展绿色发展绩效评价考核。建立生态文明建设目标评价体系，建立完善党政领导干部政绩差别化考核机制，探索编制自然资源资产负债表，建立领导干部自然资源资产离任审计制度，开展生态系统价值核算试点。

2016年方案实施以来，福建省深入实施生态省建设战略，统筹推进国家生态文明试验区建设，聚焦生态文明体制改革综合试验，健全改革推进机制，抓好制度创新、生态保护、绿色发展等各项工作，以点带面实现"先试点后推广"的改革路径，探索创新了一批可复制、可推广的制度模式。

截至2020年，全省12条主要河流Ⅰ～Ⅲ类水质比例为97.9%，高于全国平均水平16.7个百分点；县级以上饮用水水源地水质达标率100%。设区城市空气达标天数比例为98.5%，高于全国平均水平11.3个百分点；$PM_{2.5}$年平均浓度20微克/立方米，比全国平均水平低33.3%。森林覆盖率为66.8%，连续41年保持全国首位。

2020年年底，国家发改委印发《国家生态文明试验区改革举措和经验做法推广清单》，其中，福建省在自然资源资产产权、国土空间开发保护、环境治理体系、水资源水环境综合整治等14个领域形成的39项改革举措和经验做法入选，正式向全国推广。

（二）国家生态文明试验区（江西）方案及示范效应

江西方案的战略定位在4个方面：

（1）山水林田湖草综合治理样板区。把鄱阳湖流域作为一个山水林田湖草生命共同体，统筹山江湖开发、保护与治理，建立覆盖全流域的国土空间开发保护制度，深入推进全流域综合治理改革试验，全面推行河长制，探索大湖流域生态、经济、社会协调发展新模式，为全国流域保护与科学开发发挥示范作用。

（2）中部地区绿色崛起先行区。统筹推进生态文明建设与长江经济带建设、促进中部地区崛起等战略实施，加快绿色转型，将"生态+"理念融入产业发展全过程、全领域，建立健全引导和约束机制，构建绿色产业体系，促进生产、消费、流通各环节绿色化，率先在中部地区走出一条绿色崛起的新路子。

（3）生态环境保护管理制度创新区。落实最严格的环境保护制度和水资源管理制度，着力解决经济社会发展中面临的突出生态环境问题，创新监测预警、督察执法、司法保障等体制机制，健全体现生态文明要求的评价考核机制，构建政府、企业、公众协同共治的生态环境保护新格局。

（4）生态扶贫共享发展示范区。推动生态文明试验区建设与打赢脱贫攻坚战、促进赣南等原中央苏区振兴发展等深度融合，探索生态扶贫新模式，进一步完善多元化的生态保护补偿制度，建立绿色价值共享机制，引导全社会参与生态文明建设，让广大人民群众共享生态文明成果。

提出六大重点任务：

（1）构建山水林田湖草系统保护与综合治理制度体系。建立健全自然资源资产产权制度，健全自然资源资产管理体制；加快完善国土空间开发保护制度。加快推进全省多规合一，全面划定生态保护红线，实行最严格的耕地保护制度，探索自然生态空间用途管制制度；积极探索流域综合管理制度，健全流域生态保护补偿制度，创新流域综合管理模式；健全生态系统保护与修复制度，健全森林保护与管理制度，建立健全湿地生态系统保护、恢复与补偿制度，完善生物多样性保护制度。

（2）构建严格的生态环境保护与监管体系。健全生态环境监测网络和预警机制，建立健全以改善环境质量为核心的环境保护管理制度，创新环境保护督察和执法体制，完善生态环境资源保护的司法保障机制，健全农村环境治理体制机制。

（3）构建促进绿色产业发展的制度体系。创新有利于绿色产业发展的体制机制，建立有利于产业转型升级的体制机制，建立有利于资源高效利用的体制机制。

（4）构建环境治理和生态保护市场体系。加快培育环境治理和生态保护市场主体，逐步完善环境治理和生态保护市场化机制，健全绿色金融服务体系。

（5）构建绿色共治共享制度体系。创新生态扶贫机制，建立绿色共享机制，完善社会参与机制，健全生态文化培育引导机制。

满目苍翠的江西井冈山（刘远庆　摄）

（6）构建全过程的生态文明绩效考核和责任追究制度体系。进一步完善生态文明建设评价考核制度，探索编制自然资源资产负债表，开展领导干部自然资源资产离任审计，建立生态环境损害责任终身追究制度，加强生态文明考核与责任追究的统筹协调。

截至2020年年底，江西形成"一套"系统完整的生态文明制度体系。江西生态文明"四梁八柱"制度框架全面建立，35项改革成果列入国家推广清单。建立自然生态空间用途管制试点，划定永久基本农田246万公顷，32个重点生态功能区全面实行产业准入负面清单。同时，江西全面构建以五级"河长制""湖长制""林长制"为核心的全要素全领域监管体系。坚持综合治理、系统治理、源头治理，出台首个省域山水林田湖草生命共同体建设行动计划，统筹推进全流域治理、全要素保护，全面实施国土绿化、森林质量提升、湿地保护修复等重大工程。累计完成造林 36 万公顷、低产低效林改造 50 万公顷，森林覆盖率稳定在 63.1%，成为全国首个"国家森林城市""国家园林城市"设区市全覆盖省份。提前完成"十三五"任务，推进长江经济带"共抓大保护"，实施生态环境污染治理"4+1"工程和十大攻坚行动，长江干流江西段、鄱阳湖出口断面水质全部达到Ⅲ类标准，江西共抓大保护工作新机制获国家长江办推广。2019 年，江西国家考核断面水质优良率达 93.3%、空气优良天数比例达 89.7%、PM$_{2.5}$ 平均浓度 35 微克 / 立方米。在实施全省节水行动方面，江西省新能源和可再生能源发电项目总装机容量占比达 42.92%，垃圾焚烧日处理能力达到 9200 吨，万元 GDP 能耗提前完成"十三五"任务。江西累计发放全流域补偿资金 134.95 亿元，公益林补偿标准达 21.5 元 / 亩，居全国前列。遂川县等生态扶贫试验区脱贫摘帽，赣南脐橙产业扶贫模式成为全国典范，得到总书记批示肯定。

2021 年，江西生态文明体制机制改革取得新进展，与福建共同创建武夷山国家公园。绿色发展"靖安模式"、抚州生态产品价值实现机制、赣南山水林田湖草沙综合治理、九江央地合作"共抓大保护"模式等特色改革品牌持续打响。生态环境质量获得新提升，空气优良天数比率 96.1%、为中部第一，国考断面水质优良率 95.5%，长江干流江西段和赣江干流水质保持Ⅱ类标准，污染防治攻坚战终期考核获评优秀等次。成功举办"第二届鄱阳湖国际观鸟周"，鄱阳湖白鹤保护入选《生物多样性 100+ 全球典型案例》，江豚时隔 40 余年重返南昌主城区赣江江段，江豚的"微笑"成为江西靓丽新名片，赣鄱大地展现出人与自然和谐共生的美丽画卷。绿色低碳转型开启新路径，碳达峰、碳中和工作扎实推进，省人大常委会在全国率先出台《关于支持和保障碳达峰碳中和工作促进江西绿色转型发展的决定》，率先全域开展生态产品价值实现机制试点。在有序推动绿色低碳转型的同时，经济社会发展实现新跨越、展现新活力，战略性新兴产业、高新技术产业增加值占规上工业比重分别达 23.2%、38.5%，主要经济指标增速在全国排位逐季前移、持续保持在全国前列，实现完胜"十四五"开局年。

（三）国家生态文明试验区（贵州）方案及示范效应

贵州方案的战略定位在 5 个方面：

（1）长江珠江上游绿色屏障建设示范区。完善空间规划体系和自然生态空间用途管制制度，建立健全自然资源资产产权制度，全面推行河长制，划定并严守生态保护红线、水资源开发利用控制红线、用水效率控制红线和水功能区限制纳污红线，完善流域生态保护补偿机制，创新跨区域生态保护与环境治理联动机制，加快构建有利于守住生态底线的制度体系。

（2）西部地区绿色发展示范区。建立矿产资源绿色化开发机制，健全绿色发展市场机制和绿色金融制度，开展生态文明大数据共享和应用，完善生态旅游融合发展机制，加快构建培育激发绿色发展新动能的制度体系。

（3）生态脱贫攻坚示范区。完善生态保护区域财力支持机制、森林生态保护补偿机制和面向建档立卡贫困人口购买护林服务机制，深化资源变资产、资金变股金、农民变股东"三变"改革，推进生态产业化、产业生态化发展，加快构建大生态与大扶贫深度融合、百姓富与生态美有机统一的制度体系。

（4）生态文明法治建设示范区。加强涉及生态环境的地方性法规和政府规章的立改废释，推动省域环境资源保护司法机构全覆盖，完善行政执法与刑事司法协调联动机制，加快构建与生态文明建设相适应的地方生态环境法规体系和环境资源司法保护体系。

（5）生态文明国际交流合作示范区。深化生态文明贵阳国际论坛机制，充分发挥其引领生态文明建设和应对气候变化、服务国家外交大局、助推地方绿色发展、普及生态文明理念的重要作用，加快构建以生态文明为主题的国际交流合作机制。

提出八大重点任务：

（1）开展绿色屏障建设制度创新试验。健全空间规划体系和用途管制制度，开展自然资源统一确权登记，建立健全自然资源资产管理体制，健全山林保护制度，完善大气环境保护制度，健全水资源环境保护制度，完善土壤环境保护制度。

（2）开展促进绿色发展制度创新试验。健全矿产资源绿色化开发机制，建立绿色发展引导机制，完善促进绿色发展市场机制，建立健全绿色金融制度。

（3）开展生态脱贫制度创新试验。健全易地搬迁脱贫攻坚机制，完善生态建设脱贫攻坚机制，完善资产收益脱贫攻坚机制，完善农村环境基础设施建设机制。

（4）开展生态文明大数据建设制度创新试验。建立生态文明大数据综合平台，建立生态文明大数据资源共享机制，创新生态文明大数据应用模式。

（5）开展生态旅游发展制度创新试验。建立生态旅游开发保护统筹机制，建立生态旅游融合发展机制。

（6）开展生态文明法治建设创新试验。加强生态环境保护地方性立法，实现生态环境保护司法机构全覆盖，完善生态环境保护行政执法体制，建立生态环境损害赔偿制度。

（7）开展生态文明对外交流合作示范试验。健全生态文明贵阳国际论坛机制，建立生态文明国际合作机制，建立生态文明建设高端智库。

（8）开展绿色绩效评价考核创新试验。建立绿色评价考核制度，开展自然资源资产负债表编制，开展领导干部自然资源资产离任审计，完善环境保护督察制度，完善生态文明建设责任追究制。

2016年8月，中央将贵州列为首批国家生态文明试验区。贵州深入贯彻习近平生态文明思想，牢牢守好发展和生态两条底线，坚持生态优先、绿色发展，努力让人民群众在优美生态中拥有更多获得感。截至2021年的5年时间，贵州治理石漠化面积5082平方千米，治理水土流失1.33万平方千米，完成退耕还林68万公顷。贵州森林覆盖率达到60%，世界自然遗产总数居全国第一。

2020年9月17日，贵州省印发了《关于全面实行林长制的意见》，通过全面落实森林资源保护发展目标责任制，不断增加森林蓄积量和森林面积，提高森林覆盖率，以林长制实现"林长治"。已在全省范围内实行了省、市、县、乡、村五级林长制，建立健全了以党政领导负责制为核心的责任体系，形成了党政领导挂帅，部门参与共管、共建、共治的林业改革发展新格局。

水环境治理成效显著。已取缔网箱养殖2233公顷，投入补助经费17.93亿元。全省全流域零网箱、全流域禁投饵，网箱养殖污染等问题得到全面解决；全方位水质监测预警。贵州"八大水系"共建有水质自动监测站107个，其中长江流域有87个，涵盖了贵州全部国家"水十条"水质考核断面及中心城市饮用水水源地监测断面；推行"河长制"，全省4697条河流（湖）设省市县乡村五级河（湖）长22755名，实现河、湖长制全覆盖；设立"贵州生态日"，省级河长带头巡河。2020年，全省地表水水质优良比例达96.4%，主要河流出境断面水质优良率达100%。

为加强湿地资源保护，近年来贵州颁布实施了《贵州省湿地保护条例》，制定印发了《贵州省湿地保护修复制度实施方案》《贵州省重要湿地认定办法》《贵州省级湿地公园管理办法》《贵州省重要湿地资源动态监测与评价实施方案》等。目前，贵州省湿地面积 23.49 万公顷，湿地保护率达到 51.53%，公布省重要湿地共 73 处、国家湿地公园 45 个、湿地保护小区 96 个。

　　贵州依靠林业"接二连三"裂变式发展，全力构建了"农林文旅"共融，"产城互动""人与自然和谐共生"的新格局。"十三五"期间，贵州林业深刻践行"绿水青山就是金山银山"理念，取得明显成效。2020 年，全省森林面积达 1053 万公顷，林业产业总产值达 3378 亿元，全省特色林业、林下经济带动 109 万贫困人口增收。

三、全国首个生态文明试验区建设取得明显成效

（一）国家林业和草原局积极推动海南国家生态文明试验区建设

　　2018 年 4 月 13 日，习近平总书记在庆祝海南建省办经济特区 30 周年大会上发表重要讲话，向全世界宣布，党中央决定支持海南全岛建设自由贸易试验区，逐步探索、稳步推进中国特色自由贸易港建设。加之之前《中共中央　国务院关于支持海南全面深化改革开放的指导意见》发布，明确了海南"三区一中心"（全面深化改革开放试验区、国家生态文明试验区、国际旅游消费中心、国家重大战略服务保障区）的战略定位，对海南全面深化改革开放作出重大部署。

　　国家林业和草原局深入贯彻落实习近平总书记在庆祝海南建省办经济特区 30 周年大会上的重要讲话精神和《中共中央　国务院关于支持海南全面深化改革开放的指导意见》，积极推动海南国家生态文明试验区建设。

　　一是提出并推进支持海南全面深化改革开放八大举措。

　　（1）建立海南热带雨林等国家公园自然保护地体系。会同有关部门指导海南抓紧编制海南热带雨林国家公园试点方案，组建海南热带雨林国家公园管理机构，编制总体规划，在海南建立国家公园国际研究院。

　　（2）全面实施林长制。指导海南做好林长制的顶层构架和制度设计，制定总体方案和实施意见，支持海南开展更超前、更大胆的探索和实践。同意海南省总体规划中非林地的林木采伐实行备案制。

　　（3）鼓励海南国家级、省级自然保护区依法合规探索开展森林经营先

行先试。指导和支持海南结合地方实际，制定《海南经济特区自然保护区条例》。指导海南编制《海南省自然保护区开展森林经营先行先试实施方案》，选择部分自然保护区开展核心区之外的森林经营试点。

（4）实施重要生态系统保护和修复重大工程。将海南纳入天然林保护、沿海防护林、野生动植物保护、湿地保护恢复等重点工程范围，从规划、资金、项目等方面，进一步加大对海南的支持力度。

（5）鼓励在重点生态区位推行商品林赎买制度。支持和指导海南对重点生态区位的现有商品林分步骤、分阶段进行改造。指导海南学习借鉴国内其他地方机制模式，利用财政资金和政策性开发性金融贷款，开展商品林赎买试点，规范流转集体林地。

（6）实施国家储备林质量精准提升工程。国家林业和草原局会同海南省人民政府、国家开发银行3家签订国家储备林建设战略合作协议，重点推进海南省海胶集团国家储备林精准提升项目。创新投融资机制，对乡土珍稀树种培育投入给予重点支持。

（7）大力推进海南森林旅游示范区建设。做大做强做优海南自由贸易港森林旅游业。大力提升五指山、尖峰岭、霸王岭、吊罗山、七仙岭等国家级森林公园的生态景观、基础设施，打造一批森林康养、度假、探险基地。科学规划和适度挖掘国家级、省级自然保护区的试验区旅游资源，打造一批生态旅游、科普教育基地。进一步提升国家级风景名胜区、湿地公园、地质公园等旅游品质。

（8）加大科技人才支撑。建立国家林业和草原局与海南林业干部人才培养双向交流机制。建设海南林业科技创新试验区。

二是推动林业生态系统保护和修复重大工程、红树林湿地修复和自然保护地先行先试，支持海南生态文明区建设。

（1）实施海南省重要林业生态系统保护和修复重大工程，落实《中共中央 国务院关于支持海南全面深化改革开放的指导意见》中确定的各项生态保护修复举措，以实际行动支持海南国家生态文明试验区建设，指导海南省全力开展除热带雨林国家公园外的重要林业生态系统保护和修复工作。并明确提出至2020年目标：生态承载力明显提升，生态环境质量总体改善。天然林、湿地、重点生物物种资源得到全面保护，森林覆盖率不低于62%，森林蓄积量保持在1.5亿立方米以上，湿地面积保有量稳定在32万公顷，生态公益林（地）面积保有量不低于 84.4 万公顷；3 万公顷热带雨林质量得到精准提升，区域热带雨林质量、生态廊道连通性及森林防护能力明显增强；建设国家储备林 3.4 万公顷，林业产业发展后劲明显增强；进一步完善森林火灾预防、扑救、保障三大体系建设，整体提升海南森林火灾防控能力。森林火灾受害率控制在 0.9‰ 以下；林业有害生物得到有效治理。林业有害生物监测预警、检疫御灾、防灾减灾体系全面建成，防治检疫队伍建设得到全面加强，生物入侵防御能力得到显著提高，薇甘菊、椰心叶甲、椰子织蛾、槟榔黄化病、金钟藤等重大林业有害生物危害得到有效控制，主要林业有害生物成灾率控制在 3‰ 以下，无公害防治率达到 85% 以上，测报准确率达到 90% 以上，种苗产地检疫率达到 100%；实现海南省基本具备森林和湿地资源及生物多样性监测能力的目标。

（2）开展红树林保护修复。通过突出四大任务，落实重点工程，全面实现《全国湿地保护"十三五"实施规划》中有关海南红树林湿地保护和恢复建设目标。至 2025 年：海南红树林总面积由目前的 4383 公顷变为 8000 公顷，增加 3617 公顷；建立比较完善的红树林湿地保护体系、科普宣教体系和监测评估体系，湿地保护管理能力明显提高；实施退塘还湿（林）3481 公顷，滩涂造林 136 公顷；将红树林湿地纳入湿地生态补偿范围；建设好东寨港、清澜港和文昌红树林三大生态利用示范基地。

（3）开展自然保护区森林经营先行先试改革试点。通过自然保护区森林经营先行先试方案的先期实施，试点保护区重要生态系统存在的人工林问题、栖息地问题、森林景观问题得到基本解决，生态系

统退化和外来物种侵入等局面得到明显改观，保护和科技支撑能力得到进一步提升和完善。完成低效林修复 560.9 公顷，热带雨林保护和恢复 690.14 公顷，栖息地及景观提升 159.3 公顷，建设生态廊道 76.9 公顷，治理金钟藤 110.27 公顷，使其功能符合该保护区热带雨林及栖息地要求，林分和功能质量接近保护区内热带雨林及栖息地指标，为全国以国家公园为主体的自然保护地森林经营改革摸索了经验，做出了示范。

（二）国家生态文明试验区（海南）方案提出创建新目标

2019 年 1 月 23 日下午，中共中央总书记、国家主席、中央军委主席、中央全面深化改革委员会主任习近平主持召开中央全面深化改革委员会第六次会议并发表重要讲话。会议审议通过了《国家生态文明试验区（海南）实施方案》。会议强调，党中央支持海南建设国家生态文明试验区，开展海南热带雨林国家公园体制试点，目的是要牢固树立和全面践行"绿水青山就是金山银山"理念，在资源环境生态条件好的地方先行先试，为全国生态文明建设积累经验。

海南尖峰岭国有林场（刘俊 摄）

海南方案 4 个战略定位：

（1）生态文明体制改革样板区。健全生态环境资源监管体系，着力提升生态环境治理能力，构建以巩固提升生态环境质量为重点、与自由贸易试验区和中国特色自由贸易港定位相适应的生态文明制度体系，为海南持续巩固保持优良生态环境质量、努力向国际生态环境质量标杆地区看齐提供制度保障。

（2）陆海统筹保护发展实践区。坚持统筹陆海空间，重视以海定陆，协调匹配好陆海主体功能定位、空间格局划定和用途管控，建立陆海统筹的生态系统保护修复和污染防治区域联动机制，促进陆海一体化保护和发展。深化省域"多规合一"改革，构建高效统一的规划管理体系，健全国土空间开发保护制度。

（3）生态价值实现机制试验区。探索生态产品价值实现机制，增强自我造血功能和发展能力，实现生态文明建设、生态产业化、脱贫攻坚、乡村振兴协同推进，努力把绿水青山所蕴含的生态产品价值转化为金山银山。

（4）清洁能源优先发展示范区。建设"清洁能源岛"，大幅提高新能源比重，实行能源消费总量和强度双控，提高能源利用效率，优化调整能源结构，构建安全、绿色、集约、高效的清洁能源供应体系。实施碳排放控制，积极应对气候变化。

试验的主要目标：通过试验区建设，确保海南省生态环境质量只能更好，不能变差，人民群众对优良生态环境的获得感进一步增强。到 2020 年，试验区建设取得重大进展，以海定陆、陆海统筹的国土空间保护开发制度基本建立，国土空间开发格局进一步优化；突出生态环境问题得到基本解决，生态环境治理长效保障机制初步建立，生态环境质量持续保持全国一流水平；生态文明制度体系建设取得显著进展，在推进生态文明领域治理体系和治理能力现代化方面走在全国前列；优质生态产品供给、生态价值实现、绿色发展成果共享的生态经济模式初具雏形，经济发展质量和效益显著提高；绿色、环保、节约的文明消费模式和生活方式得到普遍推行。城镇空气质量优良天数比例保持在 98% 以上，细颗粒物（$PM_{2.5}$）年均浓度不高于 18 微克／立方米并力争进一步下降；基本消除劣 V 类水体，主要河流湖库水质优良率在 95% 以上，近岸海域水生态环境质量优良率在 98% 以上；土壤生态环境质量总体保持稳定；水土流失率控制在 5% 以内，森林覆盖率稳定在 62% 以上，守住 909 万亩永久基本农田，湿地面积不低于 480 万亩，海南岛自然岸线保有率不低于 60%；单位国内生产总值能耗比 2015 年下降 10%，单位地区生产总值二氧化碳排放比 2015 年下降 12%，清洁能源装机比重提高到 50% 以上。到 2025 年，生态文明制度更加完善，生态文明领域治理体系和治理能力现代化水平明显提高；生态环境质量继续保持全国领先水平。到 2035 年，生态环境质量和资源利用效率居于世界领先水平，海南成为展示美丽中国建设的靓丽名片。

试验提出六大重点任务：

（1）构建国土空间开发保护制度。深化"多规合一"改革，推进绿色城镇化建设，大力推进美丽乡村建设，建立以国家公园为主体的自然保护地体系。

（2）推动形成陆海统筹保护发展新格局。加强海洋环境资源保护，建立陆海统筹的生态环境治理机制，开展海洋生态系统碳汇试点。

（3）建立完善生态环境质量巩固提升机制。持续保持优良空气质量，完善水资源生态环境保护制度，健全土壤生态环境保护制度，实施重要生态系统保护修复，加强环境基础设施建设。

（4）建立健全生态环境和资源保护现代监管体系。建立具有地方特色的生态文明法治保障机制，改革完善生态环境资源监管体制，改革完善生态环境监管模式，建立健全生态安全管控机制，构建完善绿色发展导向的生态文明评价考核体系。

（5）创新探索生态产品价值实现机制。探索建立自然资源资产产权制度和有偿使用制度，推动生态农业提质增效，促进生态旅游转型升级和融合发展，开展生态建设脱贫攻坚，建立形式多元、绩效导向的生态保护补偿机制，建立绿色金融支持保障机制。

（6）推动形成绿色生产生活方式。建设清洁能源岛，全面促进资源节约利用，加快推进产业绿色发展，推行绿色生活方式。

《国家生态文明试验区（海南）实施方案》（以下简称"方案"）提出，要把海南建设成为生态文明体制改革样板区、陆海统筹保护发展实践区、生态价值实现机制试验区和清洁能源优先发展示范区。以生态环境质量和资源利用效率居于世界领先水平为目标。

一是生态强省迈向生态文明建设样板区。全面深化改革开放的海南不仅

海南省尖岭国家森林公园（刘俊 摄）

要在经济社会发展上改革创新、先行先试，也将在生态文明建设上作出表率。在方案中，海南被赋予生态文明体制改革样板区、陆海统筹保护发展实践区、生态价值实现机制试验区、清洁能源优先发展示范区的战略定位。方案围绕国土空间开发保护、陆海统筹保护发展、生态环境质量巩固提升、生态环境和资源保护现代监管、生态产品价值实现、绿色生产生活方式6个方面部署重点任务，对各部门推进生态文明建设各项工作提出更高要求。方案同时列出建设"时间表"：到2020年，试验区建设取得重大进展，生态环境质量持续保持全国一流水平，在推进生态文明领域治理体系和治理能力现代化方面走在全国前列；到2025年，生态文明制度更加完善，生态文明领域治理体系和治理能力现代化水平明显提高，生态环境质量继续保持全国领先水平；到2035年，生态环境质量和资源利用效率居于世界领先水平，海南成为展示美丽中国建设的靓丽名片。一个个"硬指标"将良好生态具象化：到2020年，城镇空气质量优良天数比例保持在98%以上，主要河流湖库水质优良率在95%以上，森林覆盖率稳定在62%以上，海南岛自然岸线保有率不低于60%等。陆海统筹保护发展充分体现山水林田湖草生命共同体的综合治理理念。方案在大气、海域、河湖、森林等方面均有具体要求，确保生态环境只能更好、不能变差。

二是改革创新筑牢生态建设基础。方案明确，健全生态环境资源监管体系，着力提升生态环境治理能力，构建以巩固提升生态环境质量为重点、与自由贸易试验区和中国特色自由贸易港定位相适应的生态文明制度体系。全面推行河长制、湖长制，全面实施林长制；建立环境污染"黑名单"制度；开展蓝碳标准体系和交易机制研究，方案中一系列政策既有现行政策的改革深化，也有创新探索，将织牢国家生态文明试验区制度体系。从最严格的围填海管控和岸线开发管控制度，最严格的节约用地制度到最严格的水资源管理制度，方案中几个"最严格"彰显以制度改革创新推进生态治理能力现代化的决心。监管模式是制度体系的重要一环。方案提出，严守生态保护红线、生态环境质量底线、资源利用上线，建立生态环境准入清单。开展热带雨林国家公园体制试点，建立以国家公园为主体的自然保护地体系是海南建设国家生态文明试验区的重要内容。海南将创新体制机制，率先在全国建立国家公园垂直管理体制，并尽快启动海南热带雨林国家公园条例立法工作。

三是绿色发展推动生态资源产品价值"变现"。海南将通过建设生态价值实现机制试验区打通生态优势与发展效益的转换通道。方案提出，创新探索生态产品价值实现机制，包括推动生态农业提质增效、促进生态旅游转型升级和融合发展、建立绿色金融支持保障机制等。在建设自由贸易试验区和中国特色自由贸易港的过程中，如何把生态优势变成经济优势，实现高质量发展，考验着各级政府的智慧。海南依托良好的生态优势，调整产业结构和转变经济增长方式，培育壮大旅游业、现代服务业、热带高效农业和高新技术产业。方案还提出，探索建立自然资源资产产权制度和有偿使用制度。包括研究国有森林资源有偿使用制度，深入开展海域、无居民海岛有偿使用实践等。归属清晰、权责明确、监管有效的自然资源资产产权制度是实现合理开发利用的重要前提，将激活"沉睡"资源的价值。

四是推动形成绿色生产生活方式。如加快推广新能源汽车和节能环保汽车，在海南岛逐步禁止销售燃油汽车；2020年年底前在全省范围内全面禁止生产、销售和使用一次性不可降解塑料袋、塑料餐具等。从"盼温饱"到"盼环保"，群众对干净水质、绿色食品、优美环境等生态需求更为迫切。随着方案的实施，不断增加的生态产品供给将提升百姓获得感，共建共享推动形成绿色生产生活方式。

（三）海南生态文明试验区建设示范效应显著

自 2018 年 4 月 11 日《中共中央　国务院关于支持海南全面深化改革开放的指导意见》发布以来，海南全省以习近平生态文明思想为根本遵循，落实《国家生态文明试验区（海南）实施方案》各项任务，紧紧围绕生态环境质量和资源利用效率"两个领先"目标，积极推进生态文明建设和体制机制创新试验。至 2021 年，方案明确的 33 项重点制度成果已全部出台。海南省建设国家生态文明试验区，持续推动一批标志性工程落地，海南热带雨林国家公园建设即是其中之一。划定国家公园区域、启动生态搬迁试点、建设国家公园展览馆、调查生态物种资源、国家公园管理局揭牌成立、总体规划正式印发、制定管理条例，热带雨林国家公园建设持续迈出步伐，为海南省探索一条绿水青山转为金山银山的实现路径。2020 年年底，海南热带雨林国家公园生态系统生产总值（GEP，是指特定地域单元自然生态系统提供的所有生态产品的价值）核算体系正式启动建立工作，意味着今后通过系统统计、科学核算，这片绿水青山将拥有自己的"价值标签"。覆盖 4400 余平方千米面积的海南热带雨林国家公园，蕴藏着珍贵的"绿色宝藏"。

生态文明建设创新实践不断涌现。全省共划定环境管控单元 871 个，实施"三线一单"生态环境分区管控；4 个地级市推行生活垃圾强制分类、推动农村"气代柴薪"等系列举措，逐一落地实施。全省符合绿色低碳环保要求的 12 个重点产业成为经济增长的主要支撑力量。以旅游业、现代服务业、高新技术产业为主导的绿色产业体系正在逐步形成。2020 年，三次产业结构调整为 20.5：19.1：60.4。服务业比重提高 6.4 个百分点，对经济增长贡献率达到 95.8%、提高 31.5 个百分点。全省细颗粒物（$PM_{2.5}$）浓度年均下降 1 微克 / 立方米，2020 年数值为 13 微克 / 立方米，达到国家一级标准；环境空气质量优良天数比例达 99.5%。城市（镇）集中式饮用水水源地水质达标率 100%，城镇内河湖水质达标率 91.3%。主要污染物排放、能耗、碳排放强度提前完成国家下达控制目标。

2020 年 11 月，国家发展改革委发布通知，印发《国家生态文明试验区改革举措和经验做法推广清单》，海南共有 8 项改革举措和经验做法列入其中。"国土空间分级分类管控制度""'多规合一'集成改革和应用""塑料污染系统治理机制""农村生活污水治理捆绑互促工作机制""生态敏感区域基

海南热带雨林国家公园（刘俊 摄）

础设施建设造价服从生态机制""'节能＋环境标志'双强制绿色产品政府采购制度""环境资源巡回审判机制""数字化精准支撑自然资源资产离任审计"等，这一项项在列的改革举措和经验做法，是海南推进绿色实践的有力见证。

在海南，无论是开展省域"多规合一"改革试点，还是经济社会发展，都有一条"红线"贯穿其中、不能逾越，即生态安全。海南省已划定了生态保护红线、永久基本农田、城镇开发边界等各类控制红线，明确了各类用地指标。其中，全省陆域生态保护红线区域9377平方千米，海洋生态保护红线区域8316.6平方千米；全省耕地保有量7147平方千米；林地保有量21100平方千米，占全省陆域面积的61.3%；自然岸线保有率达到60%以上，高于全国平均水平。

从"多规合一"到国土空间保护治理能力明显提升，从绿色产品政府采购制度到自然资源资产离任审计，从推进清洁能源岛建设到资源高效利用制度逐步建立健全，从推广装配式建筑应用到推进城市垃圾分类，一系列不断完善的制度与举措，将海南生态保护纳入制度化、规范化、科学化的轨道。海南生态文明试验区正奋力书写"绿水青山就是金山银山"的海南篇章，为全国生态文明建设作出表率。

第三章

林业草原国家公园融合发展的绿色生态转化

第一节　决胜全面建成小康社会：绿色生态转化

一、"绿水青山就是金山银山"是绿色生态转化的高度概括

生态空间是维护区域可持续发展的重要组成部分，是国土空间规划体系的核心领域。生态空间的概念必须具备三大属性，一是自然属性，以森林、草原、湿地和荒漠等自然生态系统为主，区别于农业、城镇人工生态系统；二是功能属性，以提供生态产品或生态系统服务为主导功能的国土空间，在土地使用上具有生态属性；三是作用属性，为城镇空间、农业空间的可持续发展提供基础保障。

绿色是可持续发展的必要条件和人民对美好生活追求的重要体现；绿色生态是构成陆地生态系统的主体，维持着地球生态平衡；绿色生态空间是国土生态空间的主体，是绿色发展的生态基础。

随着绿色发展的提出，"绿色生态"一词愈来愈多地被使用，但绿色生态的概念比较模糊。2017 年，《自然生态空间用途管制办法（试行）》首次明确了自然生态空间的内涵，即具有自然属性、以提供生态产品或服务为主导功能的国土空间。基于"三生"空间划分的考虑，生态空间涵盖除农业空间、城镇空间之外的所有国土空间。从提供生态产品多寡来划分，生态空间又可以分为绿色生态空间和其他生态空间两类。绿色生态空间主要是指林地、水面、湿地、内海，其中有些是人工建设的，如人工林、水库等，更多的是自然存在的，如河流、湖泊、森林等。

因此，可以把绿色生态定义为一定区域内森林生态系统、湿地生态系统、草地生态系统及其生物多样性的总称。森林生态系统、湿地生态系统、草地生态系统及其生物多样性构成陆地自然生态系统的主体框架，维持着地球的生态平衡。可见，绿色生态空间是城乡发展的绿色基底和生态基础，其协同联系"山水林田湖草"各生态系统，是动植物和自然生态多种过程的空间载体，同时也是人类进行社会经济活动的场所，与城乡经济社会发展息息相关。绿色生态集生态效益、经济效益、社会效益于一体，是建设和保护自然生态系统的主体，是社会生态产品的最大生产车间，是发展绿色经济的根本，是

生态文化的主要源泉和重要阵地，是绿色发展的优势和潜力所在。

顾名思义，绿色生态转化就是林业草原国家公园融合发展过程中应实现生态产品和生态系统服务能力的最大化，为满足人民对美好生活日益增长的需求服务。也就是说，随着经济的发展和生活质量的提高，生态产品和服务功能变得越来越有价值，逐步成为城乡居民生活的必需品。

习近平总书记对绿色生态转化做了科学性、通俗性的概括：绿水青山就是金山银山，并成为中国生态文明建设的主要理论，为中国迈向生态市场经济提供了理论支持，为实现城乡两元文明共生、城乡均衡发展的中国特色城镇化模式提供了新的解决方案。绿水青山强调的是生态优势，金山银山强调的是经济优势。生态优势并不是直接的经济优势，关键是如何将之转化为经济优势。

2021年，中共中央办公厅、国务院办公厅印发《关于建立健全生态产品价值实现机制的意见》，旨在打通绿水青山转化为金山银山实现路径的政策和制度创新，是推动生态产品价值转化的关键。2022年3月，习近平总书记在参加首都义务植树活动时强调，森林是水库、钱库、粮库，现在应该再加上一个"碳库"，首次提出"森林和草原对国家生态安全具有基础性、战略性作用，林草兴则生态兴"重要论断，这是总书记对林草生态系统具有多重效益的重要论述，更是对森林和草原发挥改善民生福祉作用的充分肯定。从"绿水青山就是金山银山"到"良好生态环境是最普惠的民生福祉"，再到森林"四库""林草兴则生态兴"论断，习近平总书记用最朴素的语言，阐述了人与自然之间的反哺关系，强调了自然蕴藏的巨大生态价值、经济价值和社会价值，为推动绿色生态优势转化为发展优势指明了方向、提供了根本遵循。

二、绿色生态转化在决胜全面建成小康社会中的独特优势

习近平总书记指出：既要绿水青山，也要金山银山。宁要绿水青山，不要金山银山，而且绿水青山就是金山银山。绝不能以牺牲生态环境为代价换取经济的一时发展。提出了建设生态文明、建设美丽中国的战略任务，给子孙留下天蓝、地绿、水净的美好家园。

遵循生态文明原则，实现产业的生态化。遵循自然生态有机循环机理，

不断促进传统产业"有秩序的淘汰""有条件的转型"、有保留地与新兴产业融合，构建高质量产业体系。按照生态文明的原则、理念和要求，调整和优化传统产业结构。根据各地的自然禀赋和生态环境阈值等方面的因素，合理规划产业结构。按照"绿色、循环、低碳"产业发展要求，通过改进生产方式、优化产业结构、转变消费方式等途径，推动产业链优化和产业绿色化改造升级。充分发挥林草资源的独特优势和"水库、钱库、粮库、碳库"独特作用，大力发展林草资源加工利用、经济林草产业、林下经济等林草产业。因地制宜探索建立生态保护与经济发展之间良性循环的机制，实现绿色生态资源的提质增效和价值转换，加快推动绿色循环低碳发展，以产业生态化推动绿色发展，促进人与自然和谐共生。

作出生态创新选择，实现生态的产业化。恪守自然生态系统承载能力，按照产业化规律推动生态建设，按照社会化大生产和市场化经营方式推动生态要素向生产要素、生态财富向物质财富转变，促进生态资源在实现其经济价值的同时，也能更好体现其生态价值和社会价值。从目前国内外的绿色发展实践看，已经形成了包括生态旅游、乡村休闲、循环制造、绿色金融等在内的诸多模式，广泛涵盖一、二、三产业。

明确生态文明核心基础，大力发展生态产业。构建生态产业化、产业生态化的绿色发展新格局，处理好经济发展与环境保护之间的关系，让生态环境蕴含的生态价值、经济价

值和社会价值更加充分地彰显出来，更好满足人民群众日益增长的美好生活需要。处理好保护生态和绿色惠民的关系，形成生态环境与经济协调发展、整体前进的良好态势，让人民群众在生态与经济和谐发展中获得更多的生态福利。

我国生态文明建设已迈入生态环境改善由量变到质变的关键时期。"林草兴则生态兴""生态兴则文明兴"。统筹生态保护和产业发展，提升林草生态资源总量和质量，大力发展林草产业，推进绿色生态转化，守护绿水青山，做大金山银山，时代赋予了林草部门更多责任和使命。据统计，2021年全国林业产业产值超过8万亿元，林产品进出口额达到1600亿美元以上。木本油料、林下经济、竹藤花卉、种苗牧草、森林旅游等特色产业不断发展壮大，

福建晋江湿地（刘继广　摄）

其中，全国森林药材与食品种植产值已逾 2000 亿元。全国林草年碳汇量达 12.8 亿吨，助力"双碳"战略的能力明显增强。通过大力探索"两山"转化路径，已经涌现了"两山银行""全域森林康养产业""林业碳票"等一批典型案例和经验做法，促进了"生态美、百姓富"。

《人民日报》、人民网报道过一个有说服力的案例：云南省华坪县发展转型经过。

多年前，华坪县总是呈现一种粉尘遮天蔽日、煤矸石漫山遍野、山岭光秃秃的景象。无序开采的煤矿，让这里的生态环境遭到严重破坏。以牺牲环境为代价的发展模式，不仅影响了群众健康，而且难以为继。

生态文明、绿水青山就是金山银山的发展理念引领着华坪人转变发展方式，趟出了一条生态优先、绿色发展的路子。2013 年以来，华坪一边做"去黑"减法，将全县矿井从 82 口关闭、退出到 13 口，减少了 84%；一边做"增绿"加法，实施矿山复绿、荒山补绿。生态理念先行，环保实招落地，立足金沙江干热河谷气候优势，华坪帮助 25 家煤炭企业和 4.6 万余名煤炭从业人员转行转岗，做大做强晚熟芒果产业，打开了适合当地的绿色产业大门。2019 年，华坪县芒果种植 2.52 万公顷，种植面积位列全国第三，从事芒果产业农户数达到 13762 户，全县农村常住居民人均可支配收入 13295 元。

绿水青山和金山银山不是对立的，要让绿水青山充分发挥经济社会效益，就要把生态环境保护得更好。实践早已证明，只要在"两山"之间找到合适的发展方式，生态环境优势就能转化为生态经济优势，进而助推绿色发展，提升整个经济社会发展的质量和水平。如今天蓝、水清、树绿的华坪，种下芒果树，鼓了百姓兜。曾当过矿工的村民李富勇，2020 年卖芒果赚了 40 万元。华坪用实践表明，越是面临转型升级的困难挑战，越要保持生态优先、绿色发展的定力。从绿水青山中寻找出路，必定能助推经济社会发展，释放出宝贵的生态红利。

良好生态环境是普惠民生福祉，绿色就是增进民生福祉的底色。在决胜全面建成小康社会中，生态环境质量是关键，创新发展思路，发挥生态优势，因地制宜选好产业。让绿水青山充分发挥经济社会效益，切实做到经济效益、社会效益、生态效益同步提升，就能实现百姓富、生态美的有机统一，让人民群众在"诗意栖居"中共享民生福祉、共创美好未来。

三、林业草原国家公园融合发展肩负绿色生态转化的历史使命

（一）在美丽中国建设和乡村振兴中肩负绿色转彩化、资源转效益的使命

美丽中国建设赋予新时代林业草原国家公园融合发展的历史使命。建设美丽生态，以美丽森林草原为核心，以美丽城乡为抓手，践行"绿水青山就是金山银山"理念，让绿化变彩化、资源变资本，促进绿色生态转化发展，推进全面乡村振兴。

"十八大"提出建设"美丽中国"，习近平总书记强调，林业要为建设美丽中国创造更好的生态条件。这不仅明确了林草业在建设美丽中国中的重要地位，也表明了中央力图通过加强林草业建设、努力建设美丽中国的决心；不仅为全面加强生态建设、推进林草业改革发展确定了奋斗目标、指明了方向，也赋予了林草业部门重大的历史使命。

2015年10月召开的党的十八届五中全会上，"美丽中国"被纳入"十三五"规划。2017年"十九大"明确提出实施乡村振兴战略，习近平总书记在中央农村工作会议上深刻阐述了实施乡村振兴战略的重大意义和科学内涵，明确指出，产业兴旺、生态宜居、乡风文明、治理有效、生活富裕是实施乡村振兴战略的总体要求。乡村振兴战略提出要建设生态宜居的美丽乡村，更加突出了新时代重视生态文明建设与人民日益增长的美好生活需要的内在联系。2018年4月，习近平作出重要指示，强调建设好生态宜居的美丽乡村，让广大农民在乡村振兴中有更多获得感、幸福感。

自党的十八大提出"美丽中国"建设战略以来，全国各地生态建设如火如荼。浙江作为中国经济最活跃的地区之一，浙江省委作出了建设"美丽浙江""森林浙江""生态浙江"的部署。2013年率先召开了"全省彩色树种发展座谈会"，提出大力发展彩色树种，打造一批环境优美的森林景观带和风景线，以推进城乡生态景观的绿化美化彩化，实现从绿化浙江到彩化浙江的跨越，使浙江大地更美丽。在引进、培育彩色树种方面，浙江已走在全国的前列。

2014年，宁波市编制完成的《宁波市森林彩化工程总体规划》，以城区山体公园、城市周边山体、主要道路河流沿线、风景名胜区等重要生态功能区为重点，大力发展观花观果树种、彩叶树种，提高彩色树种比例，优化森

林群落结构，构建色彩丰富、层次分明的景观林和风景线，实现"色彩宁波，休闲城市"目标。

　　继彩色森林之后，2015年，安吉彩色森林造林模式再推"升级版"，编制了《安吉县珍贵彩色森林建设总体规划（2016—2020年）》。计划5年投入2.8亿元，建设珍贵彩色森林20.04万亩、新植珍贵树种353.81万株，全力打造全县域珍贵彩色森林模板。这标志着安吉县珍贵彩色森林建设布局将实现由

江苏大丰麋鹿国家级自然保护区（杨国美　摄）

"点"到"面"的扩大，从"量"到"质"的提升。

2017年，温州市制定印发《温州市珍贵彩色森林示范景观带建设实施方案》，决定在全市开展珍贵彩色森林示范景观带建设行动，进一步提高珍贵彩色森林示范林规模档次水平，提高示范林生态景观效果，充分发挥示范引领作用，凸显珍贵彩色森林在"大美"温州建设中的显示度。各县（市、区）按照"一县一条景观带"要求，以城市（镇）周边、交通干线、重要江河海库岸沿线视野一面坡山体（平原地区可选择交通干线、重要江河海岸沿线建设）为重点，连片成带、整体推进，通过规模造林、改造提升、定向培育、补植添彩、重点点彩等综合性措施，整合现有珍贵彩色森林建设成果，通过彩化森林建设，每个县（市、区）至少建成一条以上的上规模、上档次、主题突出、特色鲜明、景观优美，力求达到具有视觉冲击力、震撼力景观效果的沿路沿江珍贵彩色森林示范景观带，把每条景观带打造成真正可看、可学、可推广的珍贵彩色森林示范基地和展示"大美"温州新形象的多彩森林画卷。

作为浙江省首个现代林业经济示范区试点县，德清充分利用林业资源优势，制定了"多彩德清"建设计划，组织实施"4567"森林景观工程方案，即围绕4条景观线、建设50个多彩森林景观示范点、创建600家多彩庭院示范户、完成7万亩森林林相改造任务。为了让德清的山川更加绚丽多彩，2015年起德清启动了彩色健康森林示范县建设，营建珍贵彩色健康森林15000亩。近年来，德清坚持以平原绿化为抓手美化城乡环境，

以植树造林带动绿色产业发展，把社会效益和经济效益结合起来，坚持全域绿化美化，实施美丽乡村提升工程，高标准打造了包括莫干山异国风情景观线、水乡古镇景观线在内的 10 条美丽乡村景观线，让绿化更多地转化为老百姓的红利，凸显生态建设的新成效，打开"绿水青山"转化为"金山银山"的通道，走出特色的"绿""富""美"之路。

浙江淳安县提出"实施森林彩化　建设富美淳安"，开展千岛湖森林彩化林旅一体化、创新融合发展实践，2014 年编制《千岛湖森林彩化工程规划》，2015 年开始启动森林彩化工程建设。在绿色大背景下，选择重要区域进行造景式的改造，着重凸显森林景观效果，构建了"三带游碧水、多彩绣青山"的总体布局。

可见，林业多彩化起源于"彩色绿化通道"。此后，浙江首先提出了"彩化浙江"的战略思路。在浙江的带动与示范下，贵州、上海、江苏、山东、河南、江西、安徽、湖南、湖北、重庆、四川、云南等省份逐步推进彩化苗木在园林绿化中的运用。

贵州作为我国首批国家生态文明试验区之一，立足生态抓生态，着力筑牢绿色屏障，让贵州山水的"底色"更浓、"颜值"更高、"气质"更佳。

黔南布依族苗族自治州提出"建设多彩黔南幸福家园"。加快提升重要通道、河流的景观效果和生态功能，实施通车高速公路彩化工程，建成千里多彩生态廊道；以实施乡村振兴战略为契机，大力实施多彩森林村寨建设工程，着力打造 100 个彰显花果景观、农民增收致富、体现林业特色的多彩森林村寨，加快形成点线面结合、宜居宜业宜游的美丽乡村新格局；围绕打造区域综合旅游目的地，推进中国（黔南）绿化博览园、荔波大小七孔景区、平塘大射电天文望远镜景区等十大景区多彩森林景观建设，让景区四季花开、长年见彩，打造绿化、美化、香化相结合的最美景区；按照"城市让生活更美好，农村让城市更向往"的目标，打造 10 万亩多彩景观林，让森林走进城市，让城市拥抱森林，着力打造 12 个多彩森林城市。

贵安新区自成立以来，着力打造"山水之都，田园之城"，实现新区"环境优美、安全宜居"的总体布局，大力实施营造林，做到"绿化、美化、香化"，通过"十河百湖千塘""五区八廊百园""绿色贵安三年会战"和美丽乡村建设等的实施，贵安大道景观绿廊——九峰山生态绿廊等工程的推进，生态建设步伐加快，最新统计，新区直管区内共完成植树造林 3.4 万余亩，森林覆盖率达到 32%，比新区成立时提高了十几个百分点。到 2020 年，按照"绿水青山就是金山银山"的理念和"全域景观化"的总体要求，实现从"绿色本底"到"绚丽多彩"的转变。目前，以生态建设成果为依托发展新农村休闲旅游，已成为贵安新区村民收入新的增长点。

四川省眉山市打造"中国樱花第一城"，打破景观景点公园化的传统模式，将樱花元素与城乡绿化相结合，与诗书元素共同融入城市建设中，打造长达 20 千米的全国最长樱花水岸、占地 55 公顷的全国最大樱花专类博览园及 470 平方千米的全国最大赏樱胜地，采茶节等 22 个各具特色的节庆活动，让美丽眉山更加多彩；乐山市打造"四季观叶、观花、观色、闻香"的城市多彩街区，"乔灌结合，多彩衬托"式的通道景观，"城在花中、人在花中"特色花卉主题公园，"海棠香国，花满嘉州"的多彩山水园林城市，已建成绿心公园、樱花公园、茉莉花基地等多彩公园 18 个，年可接待游客约 430 万人；广元市打造以绿为主、多彩协调的森林生态景观带，剑阁县、阆中市打造"绿美古蜀道、绿美嘉陵江、绿美世界古城"全域旅游目的地，华蓥山绿化美化彩化工程，阿坝州"千里花廊"公路绿化，雅安市"一核三廊"添花增彩工程，宜宾市竹林生态景观等，四川正在呈现"绿化全川"、多彩化造林绿化的可喜局面。

全国各地结合"美丽乡村"建设，积极打造"美丽中国"地方"样板"，推进造林绿化从绿化的"量"到美化、彩化、珍贵化"质"的转变。近年来，结合乡村振兴战略，坚持"增量与提质并举、增绿与增效并行、生态与经济并重"的原则，着力推进城乡绿化彩色化、珍贵化、效益化。随着造林绿化整体水平不断提升，城镇和乡村的造林也将立足绿化，发展美化和彩化，让广大农村不但绿起来，而且美起来、富起来。

近年来，国内各地积极开展林业多彩化的相关建设，一次次刷新了人们对多彩化景观的认知，基于多彩化景观的生态旅游产业呈"井喷式"增长态势。

传统观叶，如"红叶经济"，北京香山、北京喇叭沟门、新疆喀纳斯、江西婺源、南京栖霞山、吉林红叶谷、长沙岳麓山、苏州天平山、安徽黟县塔川、广东从化石门山、湖北神农架、浙江文成红枫古道以及四川米亚罗、四川九寨沟、稻城俄初山、巴中光雾山、旺苍米苍山等。

典型观花的如"花海经济"，从源于花卉博览会建设繁花似锦的壮美和日

贵州省兴义市乡村（张霆 摄）

日清新怡人的优美相得益彰的花博园（昆明世博园、广东顺德陈村花卉世界、四川温江国色天香、宁夏银川花博园等），到基于休息观光形成季相之变、色彩之变、韵律之变特色的花语世界（江西鹰潭龙虎山花语世界、湖南岳阳花语世界、四川新津花舞人间等），再到集山水观光、文化体验、生态养生等于一体的花卉主题公园（广东东莞松山湖梦幻百花洲、浙江开化花牟谷、长春百花园、重庆万盛百花谷等）。

以"观赏"为主的"眼球经济"逐步深化，形成"五感协同体验"的综

合经济发展模式，满足人们越来越多对美好的生态环境的需求，对美好的生态体验的需求。

可以说，林业多彩化经过十几年的发展，成为将绿化与美化相结合的多彩化，利用植物叶、花、果的丰富多彩景观，满足人们对美好生活的追求，建设高质量林业；它是在建设美丽中国的大背景下对林业提出的更高要求，从城市园林到城乡绿化美化的林业多彩化，是乡村振兴的新型绿化模式探索。

（二）融合发展凸显绿色资源转化为经济价值的优势

2018 年 2 月，习近平总书记来川视察时指出："四川是产竹大省，要因地制宜发展竹产业，发挥好蜀南竹海等优势，让竹林成为四川美丽乡村的一道风景线。"总书记的指示确立了四川乃至全国竹产业发展的方向，将竹产业高质量发展再次提升到新的时代高度。

为贯彻落实习近平总书记关于竹林风景线的重要讲话精神，四川省委、省政府出台《关于推进竹产业高质量发展建设美丽乡村竹林风景线的意见》，明确了四川竹产业高质量发展建设美丽乡村竹林风景线的"路线图"，提出以"一群两区三带"发展格局为骨架，20 个市州竹区同步建设推进，打造"点""线""面"相结合、一、二、三产业相融合的美丽乡村竹林风景线。点：以大熊猫公园入口社区、竹林盘、竹林公园、竹林湿地、竹林新村、竹林小镇、竹林人家等为"点"，用"竹"元素，弘扬竹历史文化价值，打造美丽乡村竹林风景，发展竹文旅康养产业，助推竹区乡村振兴。线：以长江干支流、青衣江、渠江等江河干支流、国省道交通干道、重点景观大道等为"线"，添"竹"风景，体现竹生态景观价值，打造竹生态景观长廊、精品旅游线，推进竹生态旅游产业，加快建设美丽竹区。面：以竹基地、竹林风景区为"面"，做"竹"文章，深挖竹产业经济价值，打造各类现代竹产业发展示范区、工业园区，做大做强做优竹产业，发展新业态，延伸产业链，推动竹区竹全面高质量发展。提出到 2022 年，四川省建成现代竹产业园区 4 个，创建省级竹产业高质量发展示范县 2 个。同时，还将规划建设 100 个竹景观元素的公园和街区，分别建设 10 个竹特色镇和竹产业特色村示范点。将竹元素融入天府绿道，并以竹为载体开展生态旅游等，竹产业综合产值达 100 亿元以上。

——青神县围绕"做大竹海，做精竹艺，做美竹城"的竹编产业发展战略，打造"中国首家竹林湿地"，湿地总体定位以竹林景观为基底、以青神县历史文化为背景、以青神竹编为特色，吸取中国古典园林之精髓，融入川西园林风格，融合"竹、水、文"三大元素，利用自身资源优势，突显独特性，体现名竹博览、竹文化展示和湿地旅游休闲三大功能。

——长宁县竹海镇是国家级风景名胜区蜀南竹海的中心城镇和全省首批唯一一个以生态旅游命名的试点镇，被世人誉为"川南碧玉"，远近闻名。全镇辖 17 个村（社区），3 个社区，156 个村民小组，幅员面积 101.96 平方千米，人口 22958 人（2017）。森林面积 7706 公顷，森林覆盖率达 72%，绿化覆盖率 46.5%。2019 年 5 月投资 1.2 亿元开工改建的淯江国际竹生态发展区永江村示范区，让竹林成为美丽乡村一道风景线。示范区围绕"诗竹长宁，竹创乡村"定位，建设竹生态游客中心、竹产业研究院、心若禅修馆、竹枝书院、浮生闲精品酒店、生态有机餐厅、稻田咖啡、农耕体验园、健康步道、农房风貌提升等项目。通过示范区打造，建成竹食健康体验地、竹雕文化创意区、竹文创体验培训基地为主的独居竹海特色的生态旅游村庄。

——翠屏区李庄镇高桥村是根据林徽因一首诗歌《十一月的小村》描绘的意境打造朴素、简单的安宁乡村。以"中国李庄，竹村高桥"为主题，以竹基地、竹庭院、竹游道、竹建筑、竹工艺、竹加工、竹博览、竹文化、竹民宿、竹餐饮"十个竹"为基础，引导一、二、三产业融合发展，采用村支部引领，职业农民为主体，第三方公司运营的模式，打造李庄环古镇乡村振兴、"宜长兴"百里翠竹长廊上集竹工艺制品生产、加工、销售、乡村旅游和柑橘种植采摘于一体的田园综合体。已引入全市首个房车营地、3 个竹艺术特色主题民宿、竹创意花卉培训工作室、宜宾摄影协会"玩摄部落"摄影基地、2 个亲子教育培训基地以及高桥竹村特色竹酒、竹茶、竹编和竹食品展示中心等业态；已设立 3 个大师工作室，包括曾伟人竹建筑大师工作室、万登贵竹编大师工作室和杨剑涛竹创意技能大师工作室创作分部及其学生实践创作基地；成立了高桥竹村竹编培训基地，并已吸纳首批 6 户村民进行竹编创作。已开展了职业农民知识技能培训、新村民的入住，从而实现各业态的落位。高桥竹村的打造仅仅是翠屏区竹产业发展中的一个缩影，正在成为省、市甚至全国乡村振兴和一、二、三产业融合发展的示范基地。

——"宜长兴"百里翠竹示范带建设涉及翠屏区、叙州区、长宁县、兴文县、南溪区和江安县，示范带总长度 280 千米，围绕建成"产业兴旺、生态宜居、乡风文明、治理有效、生活富裕"的美丽乡村目标，以"自然为基、文化为魂、产业为根、幸福为本"理念，按照"一主一辅三支一延"布局建设，打造为竹林景观线、产业示范线、文化展示线、生态修复线和乡村振兴示范线。

——长宁世纪竹园，以竹类植物及其生态系统研究和展示为主体，以竹类植物的收集、繁育、研究、利用、多样性保护为重点，做到竹类植物繁育与景观建设相结合，集竹类植物的科研科普、科技示范推广、竹文化展示、竹类经营、竹产品生产加工和旅游观光等功能于一体，是竹生态和竹文化的旅游胜地，是目前世界上面积最大，品种最多的竹类植物园和竹种基因库。2001 年成功地承办了中国第三届竹文化节分会场的各项工作。园区总面积 200 公顷，园区分为中心区，外围生态环境区，其中中心区面积 66.7 公顷，园内分为竹类系统园、竹文化研究展示园、珍奇竹园、竹种繁育园、竹木生态园、散生竹园、丛生竹园 7 大园。种植有从全国各地和印度、日本、泰国、越南、缅甸等 8 个国家和地区引进的竹子 428 种，走进世纪竹园，您就像走进了竹的王国，徜徉在竹的海洋。

——长宁现代竹产业示范基地，围绕现代竹产业示范基地、产业园区、精深加工、现代竹生态文化旅游、竹林风景线建设，加快推进竹产业高质量发展。双河高质量推进笋用林基地和现代林业科技示范园区，连片打造 6667 公顷笋竹两用林基地，打造"中国苦笋第一镇"；双河竹类加工企业类型全各类竹食品（竹笋）加工企业 16 家，占长宁县境内竹笋加工企业的 90%，年加工鲜笋超过 5 万吨，企业年销售额已超过 5 亿元；铜锣镇十万亩山楠竹现代竹产业示范基地，楠竹笋材两用林培育、大径竹培育、楠竹桢楠混栽生态经营、鞭笋培育技术、林下套种中药材淡竹叶试验示范基地已成规模；长宁竹石林——石漠化治理示范基地，这种模式通过产业链的延伸将竹林的生态优势和旅游的市场优势相结合，不仅可解决经济效益与生态效益的矛盾问题，而且利用竹林一次栽植多年采收的优势，可充分发挥竹林生态功能和景观作用，扩大并巩固石漠化治理成效，是治理石漠化的一种创新模式。

——泸州市建设"两线带多点""环、线、道"相融的美丽乡村竹林风景线，做到景不断线、景线相连，呈现"一城竹林环两江，满目青翠醉酒城"的美景。在提升竹林基地质量上，实施竹资源培育工程。目前，泸州市现代竹林基地达 14 万公顷。

（三）融合发展在促进传统产业融合转化为新业态方面具有独特优势

四川位于中国西部和青藏高原东南缘，处于中国大陆地势三大阶梯中的第一级和第二级，即第一级青藏高原和第二级长江中下游平原的过渡带，自然生态条件多样，气候、土壤和植被呈现水平带状更迭，垂直分异也十分明显，在气候、植被上具有"南北兼备，东西合璧"的特点。幅员面积 48.5 万平方千米，约占长江上游地区面积的"半壁江山"，素有"千河之省"之称，丰富的径流与巨大的落差使四川成为我国水资源和水能资源富集的地区。四川人口多、底子薄、不平衡、欠发达的基本省情没有根本改变，发展不足仍然是最突出的问题，产业结构、区域发展、城乡发展不平衡问题凸显，人口、资源、生态、环境等与社会经济发展面临诸多挑战。四川林业草原国家公园融合发展模式具有典型代表性，对探索长江经济带高质量发展及乡村振兴具有示范意义。

——九寨沟：发挥森林湿地景观优势，转型发展生态旅游。九寨沟，1992 年列入《世界自然遗产名录》，1997 年被纳入"世界人与生物圈保护区"，既是以大熊猫、金丝猴等珍稀动物及其自然生态环境为保护对象的森林和野生动物类型的国家级自然保护区，又是以高山湖泊群、瀑布群以及钙华滩流为主体的国家级重点风景名胜区，还是以地质遗迹钙化湖泊、滩流、瀑布景观和岩溶水系统及森林生态系统为主要保护对象的国家地质公园。经过 17 年的发展，景区居民实行以电（气）代柴，完成退耕还林 400 公顷，九寨沟县森林覆盖率 46.3%，提高了 6.9 个百分点，森林蓄积增加了 262 万立方米，林

四川九寨沟自然保护区（于宁 摄）

业总产值和林业对地方财政的贡献分别增长了 316 倍和 17.6 倍，有效保护了绿色生态资源、生物资源和景观资源。目前，九寨沟县已由木材大县转变为以旅游为主的林业经济大县，林业总产值 574980 万元，其中森林旅游收入 571240 亿元，占 99.3%，森林旅游对地方财税的收入达 21334 万元，占财政总收入的 75%。

——攀枝花：实施"康养 +"融合发展战略，推进绿色生态转化。攀枝花市是长江上游重要的水源涵养和水土保持区，林业用地 55.89 万公顷，占幅员总面积的 75.1%，是四川林业大市、重点国有林区。攀枝花市是国家"三线建设"发展起来的重工业城市，是天然林资源保护工程的发源地。近年来，凭借南亚热带为基带的立体气候、绿色生态优势等得天独厚的自然资源禀赋，突出"青山、绿水、阳光"特色，推进绿色生态转化，实施"康养 +"融合发展战略，打造康养产业新业态，打通康养产业与生态农业、旅游业、医疗保健、运动健身等产业的融合渠道，实现产业融合、互利共赢。挖掘森林康养独特优势，大力开展森林康养产业，成功承办了"中国·四川——第二届森林康养（冬季）年会"，打造阿署达森林康养基地、万宝营森林康养基地、花舞人间森林康养基地和攀枝花国有林场森林康养基地等，积极开展"森林人家"认证工作，在米易县海塔、普威，盐边县渔门镇、格萨拉等地认证 12 家。同时，带动农林产业基地发展，着力建设特色干果、林下种植养殖、花卉苗木及工业原料等基地，累计建成各类林业产业基地 8.03 万公顷；还大力发展现代农业万亩示范基地、全国晚熟杧果基地、早春喜温蔬菜基地、休闲渔业基地等，催生了森林康养产业的现代观光农林业模式。依托现有的国家级皮划艇激流回旋竞训基地等冬季竞训基地，吸引游客康养活动；以三级医院为龙头、县区医院和二级医院为支撑、基层医疗机构为基础，探索医疗机构养老、养老机构内设医疗机构、共建一体化服务平台养老、社区养老四种养老模式；打造红山国际一期等 14 个康养旅游项目及普达阳光国际康养度假区等 13 个重大康养旅游项目，构建康养和旅游相关产业的融合布局。

——广元市朝天区：规模发展核桃经济，打造特色品牌。广元市朝天区位于四川省盆周山区北部，是四川省核桃主产区，有种植核桃的传统习惯，早在 20 世纪 60 年代，朝天就是全国核桃出口创汇的重要基地之一。该区立足山区资源优势和自然条件，结合退耕还林、天然林保护、德援项目等重点生态工程建设，发挥核桃资源优势，着力打造特色经济林产业。目前，全区

合江县金龙湖竹林风景线（选自费世民主编《四川竹林风景线》）

已有核桃 2.62 万公顷，其中，已建成万亩基地乡（镇）8 个、千亩专业村 55 个、百亩大户 400 户，核桃产业发展初步呈现布局区域化、生产专业化、基地标准化、集中规模化的态势。全区 16 万农民，有 10 万人参与核桃产业发展，"技术明白人"达 4 万余人，核桃丰产技术推广专业队 60 余个，从业人员上千人。"111"工程成为战术路径：人均有核桃 1 亩以上，户均有 1 个核桃种植技术明白人，户均核桃收入达 1 万元以上。到 2015 年，全区年核桃产量 31000 吨，实现产值 19.5 亿元，农民人均从核桃获得的收入近 3000 元（其中家庭经营收入 2649 元）。已初步形成了核桃绿色经济产业。

四、绿色生态转化实现生态家底和生态福祉更加殷实

党的十八大以来，林草系统认真践行"绿水青山就是金山银山"理念，坚持生态优先、绿色发展，坚持生态为民、科学利用，协调推进林草资源保护与利用，守护绿水青山，做大金山银山，为决战决胜脱贫攻坚和全面建成

小康社会作出了重要贡献。

培育扩大林草资源，生态家底和生态福祉更加殷实。十年来，林草资源持续增加，生态服务功能明显增强，绿色发展的生态基础更加稳固，林草惠民富民成效日益显现，广大山区林区实现了由绿到富的巨变。绿水青山既是自然财富，又是经济财富。各地依托林草资源，发挥生态优势，做山水文章、创绿色品牌，厚植生态家底，提升生态福祉，不断满足人民群众对优美生态环境、优质生态产品、优良生态服务的需要，丰富的林草资源和良好的生态环境成为人民群众美好生活的增长点，成为经济社会可持续健康发展的支撑点。

生态资源更加丰厚，扩大了区域发展的生态容量。通过扩大培育、全面保护，森林、草原、湿地资源和沙区植被不断增加，生态功能及价值明显提升。据测算，2018年全国森林生态系统提供生态服务总价值为15.88万亿元，森林年涵养水源量8039亿立方米，年固土量117.2亿吨。区域生态容量和生态承载力的提升，夯实了经济增长方式转变和区域经济可持续发展的生态基础，推动形成绿色发展方式和生活方式。森林资源禀赋良好的福建、江西、海南和生态区位重要的贵州、青海等省份，将林草资源变成绿色财富，生态优势转化为发展优势，成为国家生态文明试验区。

城乡环境明显改善，拓展了人们绿色共享空间。各地大力开展身边增绿行动，积极推进城乡绿化美化。通过创建森林城市、森林乡村和生态文化村、生态文明教育基地，打造森林小镇、森林人家，推进绿色学校、绿色营区、绿色矿区、绿色庭院建设，城乡人居环境持续改善，人民群众生态福祉明显增强。累计建成国家级森林公园906处、国家湿地公园901个、国家草原自然公园39个，国家沙漠（石漠）公园128个。各地还因地制宜打造郊野公园、小微公园和公共绿地、城乡绿道、森林步道。通过植绿造园置景，许多地方旧貌换新颜，为人们休闲游憩、亲近自然提供了更多更好的去处，绿水青山成为广大城乡的"生态客厅"。

生态产品供给更加充足，丰富了人民群众的生产生活。十年来，累计生产木材8.9亿立方米，木竹产品种类达上万种，广泛应用于建筑、家具、包装等领域，定制家居产业总值突破3000亿元。树立大食物观，向森林要食物，扩大经济林种植、采集与产品加工，开发干鲜果品、菌菇、竹笋、茶油等森林食品，丰富了人民群众"菜篮子""果盘子"。经济林面积保持在7亿

宜宾长竹路竹林风景线节点景观（选自费世民主编《四川竹林风景线》）

亩左右，核桃、板栗、桃、杏、枣、苹果、柑橘等干鲜果品年产量 2 亿吨，产值超过 2.2 万亿元，较十年前翻了一番，均居世界首位。目前，油茶面积超过 453 万公顷，年产茶油近 90 万吨，核桃油等其他木本食用油产量达 30 多万吨，林草中药材产量超过 479 万吨，可食性经济林产品成为我国继粮食、蔬菜之后的第三大农产品。

第二节　森林城市：中国城市生态建设的创新实践

一、中国城市发展的森林城市应对之策

森林城市建设是借鉴发达国家经验，适应我国国情和发展阶段，推进我

国城乡生态建设的一种创新实践。其实质是围绕"让森林走进城市，让城市拥抱森林"的主题，对以森林为主体的城乡自然生态系统的修复和完善。

20世纪90年代开始，世界各国逐渐开始重视城市发展进程中生态环境的变化，2003年我国提出可持续发展林业战略，把城市林业发展上升为国家战略。

2004年，在全国关注森林活动组委会的倡导下，全国绿化委员会、国家林业局启动了国家森林城市创建活动。时任中共中央政治局常委、全国政协主席贾庆林为首届中国城市森林论坛作出"让森林走进城市，让城市拥抱森林"重要批示，成为中国城市森林论坛的宗旨，也成为保护城市生态环境，提升城市形象和竞争力，推动区域经济持续健康发展的新理念。

2016年1月26日，习近平总书记主持召开中央财经领导小组第十二次会议时，强调森林关系国家生态安全，提出要着力开展森林城市建设，搞好城市内绿化，使城市适宜绿化的地方都绿起来；搞好城市周边绿化，充分利用不适宜耕作的土地开展绿化造林；搞好城市群绿化，扩大城市之间的生态空间。进一步表明国家对建设森林城市的肯定与支持。

2018年《全国森林城市发展规划（2018—2025年）》发布，提出了国家森林城市建设新的目标。到2020年，建成6个国家级森林城市群，200个国家森林城市。到2025年，以森林城市群和森林城市为主的森林城市建设体系基本建立，建成300个国家森林城市。到2035年，森林城市群和森林城市建设全面推进，城市森林结构与功能全面优化，森林城市质量全面提升，城市生态环境根本改善，森林城市生态服务均等化基本实现，全民共享森林城市建设的生态福利。

2019年4月8日，习近平总书记在参加首都义务植树活动时强调，"要践行绿水青山就是金山银山的理念，推动国土绿化高质量发展，统筹山水林田湖草系统治理，因地制宜深入推进大规模国土绿化行动，持续推进森林城市、森林乡村建设，着力改善人居环境，做到四季常绿、季季有花，发展绿色经济，加强森林管护，推动国土绿化不断取得实实在在的成效"。这既是习近平总书记对森林城市建设工作的充分肯定，也是对深入开展森林城市建设提出了更高要求。

2021年3月，《中华人民共和国国民经济和社会发展第十四个五年规划和2035年远景目标纲要》发布，提出要把"推动绿色发展 促进人与自然和谐共生"作为"十四五"时期的重大任务，立足新发展阶段，贯彻新发展理念，构建新发展格局，加强生态文明建设，实现人与自然和谐共生的现代化。"十四五"期间，我国要加快推动发展方式绿色转型，全方位全过程推行绿色规划、绿色设计、绿色投资、绿色建设、绿色生产、绿色流通、绿色生活和绿色消费，使发展建立在高效利用资源、严格保护生态环境、有效控制温室气体排放的基础上。森林城市的建设正是推动区域绿色发展，实现人与自然和谐共生的良好途径之一。

2021年4月，习近平总书记在出席"领导人气候峰会"并发表重要讲话时指出："大自然孕育抚养了人类，人类应该以自然为根，尊重自然、顺应自然、保护自然""自然遭到系统性破坏，人类生存发展就成了无源之水、无本之木。我们要像保护眼睛一样保护自然和生态环境，推动形成人与自然和谐共生新格局。"开展森林城市建设对保护自然和生态环境，构建人与自然和谐共生新格局有着重要作用。

二、森林城市是林业草国家公园融合发展促进城市和谐发展的重要举措

（一）城市森林是林业草原国家公园融合发展的重要领域

建设城市森林，改善城市生态，提高市民生活质量，增强城市可持续发展能力，已经成为现代林草业发展的一个重要方向，是城市生态和谐的根本所在。城市生态和谐，是人与自然的和谐，而实现人与自然的和谐，城市与城市森林的和谐是最根本的和谐。没有城市森林，城市的功能就无法得到保障，城市的可持续发展就无法实现。城市森林建设，是世界城市建设的时代潮流和发展方向，是建设和谐宜居城市的客观需要。而作为城市森林建设的成果——森林城市自然就成为城市生态和谐的标志之所在。

森林城市建设将生态保护与经济发展更好地有机结合，同时对树立城市形象、吸引外资和繁荣经济具有极大的促进作用，尤其能够快速带动以旅游业为主的第三产业的发展。此外，森林城市建设中，通过引导林农、果农也成为"创森"的主体和参与者，有利于推动乡村振兴，加快推进方山县全域林业产业经济高质量发展。

在创建国家森林城市中，大力发展林下经济、生态旅游等绿色产业，实

现生态与经济的"两翼齐飞"，有力推动林业经济的转型升级。同时协同助力农业高质量发展和深化农村改革，大力建设产业兴旺、生态宜居、乡风文明、治理有效、生活富裕的美丽乡镇乡村，实现巩固拓展脱贫攻坚成果同乡村振兴有效衔接，助力方山县绿色经济繁荣发展。

（二）城市森林是城市生态建设的主体

中央提出加快构建社会主义和谐社会。其中人与自然的和谐不仅是和谐社会的重要内涵，更是构建和谐社会的基础。只有人与自然和谐相处，人在和谐自然的环境中生活，才能实现人与人的和谐和整个社会关系的和谐，才能实现经济和社会全面协调可持续发展，才能实现建设和谐宜居城市的目标。城市森林作为城市生态建设的主体，是构建和谐城市的重要内容，具有不可替代的重要作用。

我国正处于城市化进程中，城市中的生态环境问题日益突出，空气质量下降、光电噪声细菌污染严重、水资源紧张、自然灾害频繁侵袭，等等，给城市的和谐发展制造了不和谐的因素。人们越来越认识到，发展城市森林，充分利用城市森林净化空气、涵养水源、保持水土、减少噪声、美化环境、调节气候、防灾减灾的特殊功能，是改善城市生态状况、促进人与自然和谐的重要途径。

城市森林是城市中唯一有生命的基础设施，它不仅从质量和数量上改变了城市冰冷的钢筋水泥外貌，满足了城市人群与自然亲近的渴望，而且改善和提高了城市居民的人居环境和生活质量，舒缓了城市人群在工作和生活快节奏中形成的紧张情绪。而城市森林文化又是城市文化和城市生态文明的重要组成部分，它所包含的城市森林美学、园林文化、旅游文化、花文化和竹文化等，对人们的审美意识、道德情操起到了潜移默化的作用，也使城市森林成为城市文化品位与文明素养的标志。

城市森林建设要求将市区、市郊和农村纳入统一的大系统中一起谋划、共同建设其所倡导的城乡生态一体化发展，为加快社会主义新农村建设、构建"和谐农村"发挥了重要作用。通过绿化宜林荒山、构筑农田林网、绿化村庄和发展庭院林业，可以实现村民家居环境、村庄环境、自然环境的和谐优美；通过倡导森林文化、弘扬生态文明，可以增强农民群众的生态道德意识，形成自觉植绿、护绿、爱绿、兴绿的新风尚；通过发展森林福利，可以实现农村生活宽裕、带动农民致富，从而有力推动农村的绿化美

城市水网森林（王成 摄）

化与和谐稳定。

（三）中国城市森林论坛是我国城市森林建设理论与实践的交流平台

城市规模扩大、人口增加、生态环境压力加大，是世界城市发展的共同特点。20 世纪 60 年代以来，特别是近年来世界各国都把发展城市森林作为保障城市生态安全的主要措施、增强城市综合实力的重要手段和城市现代化建设的重要标志。我国城市森林建设虽然起步较晚但发展迅速。许多城市都提出了建设森林城市、生态城市的设想，并积极付诸实施。但目前，我国城市绿化覆盖率、人均拥有公共绿地面积等指标与国际标准要求达到的水平相比还偏低，远远落后于发达国家，城市森林建设任务仍十分艰巨和繁重。为进一步提升我国城市森林理论研究水平，拓宽城市森林建设思路，总结和推广城市森林建设的宝贵经验，推动中国城市森林建设快速协调健康发展，关注森林活动组委会通过举行中国城市森林论坛，搭建了城市森林建设理论与实践交流的平台，并致力于将其办成我国政府城市森林建设领域中市长和专家们的最高讲台。

（四）增进人民福祉的有效途径

优化域内生态福利空间、提高人民生活品质、满足人民群众日益增长的精神需求，成为当前形势下迫切需要完成的一项任务。而森林城市的建设正是一个涉及城区绿地系统、城郊生态绿地、镇村绿化美化、通道绿化、生态科教场所建设等多方面的系统工程，是破解城市发展与生态环境恶化的历史僵局的有效途径，也是党和政府对人民群众渴望天蓝、地绿、水净愿望的重大回应。

在森林城市创建中，将"持续促进生态惠民"作为"创森"和践行"两山"理念的落脚点，将办民生实事与造林营林、发展林业产业、壮大生态旅游、建设美丽乡村、推进生态就业等紧密结合，进一步提升生态惠民质量。通过积极推动城区、乡镇、村庄、单位、居住区的绿化美化，改善人民群众居住生活环境，为居民提供更多优质的公共生态产品和生态福利空间，实现生态优、乡村美、产业兴、人民富，使人民切实感受到森林城市建设成果，幸福感、获得感和自豪感显著提升。

三、中国森林城市建设的主要成效

党的十八大以后，中央提出建设生态文明和美丽中国，要加强森林生态安全建设，着力推进国土绿化，着力提高森林质量，着力开展森林城市建设，着力建设国家公园。各地各部门认真贯彻落实党和国家的决策部署，坚持高位推动、多措并举，推进森林城市建设，取得了实实在在的成效，为推动城乡绿色发展、满足人民对良好生态环境需求、建设生态文明和美丽中国作出了积极贡献。截至 2021 年，全国已有 194 个城市获得"国家森林城市"称号，17 个省份开展了森林城市群建设。2021 年 3 月 11 日，全国绿化委员会办公室发布的《2020 年中国国土绿化状况公报》显示，2020 年全国开展国家森林城市建设的城市达 441 个。随着森林城市建设步伐不断加快，建设成效日益凸显，森林城市已成为建设生态文明和美丽中国的生动实践，改善生态环境、增进民生福祉的有效途径，弘扬生态文明理念、普及生态文化知识的重要平台。

2016 年 9 月，国家林业局印发了《关于着力开展森林城市建设的指导意见》，明确了森林城市建设的指导思想、基本原则、发展目标和主要任务、保障措施。

2018 年 7 月，《全国森林城市发展规划（2018—2025 年）》发布，明确了全国森林城市建设的总体布局、发展分区和重点区域，提出三步战略：

到 2020 年，森林城市建设全面推进，森林城市数量持续增加，森林城市质量不断提升，符合国情、类型丰富、特色鲜明的森林城市发展格局初步形成，城乡生态面貌得到明显改善，生态文明意识明显提高，建成 6 个国家级森林城市群、200 个国家森林城市。

到 2025 年，以森林城市群和森林城市为主的森林城市建设体系基本建立，森林城市生态服务功能充分发挥，人居环境质量明显提升，森林城市生态资产及服务价值明显提高。提升国家级森林城市群建设质量，建成 300 个国家森林城市。

到 2035 年，森林城市群和森林城市建设全面推进，城市森林结构与功能全面优化，森林城市质量全面提升，城市生态环境根本改善，森林城市生态服务均等化基本实现，全民共享森林城市建设的生态福利。

近年来，许多资源型城市和老工业城市，如辽宁本溪、江西新余、广西柳州、山东枣庄，都通过创建国家森林城市，增加了城市的绿色基调，培植起以森林为依托的生态旅游、休闲康养等绿色产业，有力促进了城市转型升级和绿色发展。

第三节　融合发展对生态文明建设的贡献

一、厚植绿色发展优势，增强绿色发展动力

《中华人民共和国国民经济和社会发展第十四个五年规划和 2035 年远景目标纲要》中，"推动绿色发展 促进人与自然和谐共生"单独成篇，分量之重可见一斑。从"坚持绿水青山就是金山银山理念"等整体要求，到"完善生态安全屏障体系""健全生态保护补偿机制"等领域的谋篇布局，再到"湿地保护率提高到 55%""地级及以上城市 $PM_{2.5}$ 浓度下降 10%"等具体目标，"十四五"规划和 2035 年远景目标纲要为未来 5 年乃至更长时间的生态文明建设擘画了蓝图，也为全党全国各族人民共同投身绿色事业注入了强大信心和动力。

林业草原国家公园融合发展不仅是绿色发展的底色，也是绿色发展的主战场之一，在社会经济绿色转型及可持续发展中大有可为。下面是三明市和天王镇两个成功案例。

（一）以林兴业的山区乡村振兴之三明模式

福建省三明市是名副其实的绿底色。三明是全国最绿省份的最绿城市之一，地处闽中内陆山区，被称作"中国绿都"。现有森林面积190万公顷，森林覆盖率接近80%，全市森林总蓄积量1.86亿立方米，居全省第二；林分亩均蓄积量8.6立方米，居全省首位；森林负氧离子平均浓度每立方厘米达1500个，是全国平均水平的3.4倍；泰宁、将乐、明溪、建宁、宁化荣获"国家生态文明建设示范县"称号。

三明市也是绿色发展的弄潮儿。三明以落实新发展理念为牵引，走出一条产业生态化与生态产业化齐头并进的新路子，为相对落后山区实现高质量绿色发展提供了有益借鉴。作为以"小三线"建设起家的老工业基地，三明在很长一段时间承受着发展成本之重与环境污染之痛。为摒弃"先污染后治理"的粗放发展方式，三明通过壮士断腕式的决心淘汰落后产能，实现腾笼换鸟式升级换代，实现了"工业三明"与"绿色三明"融合发展新局面，为高质量发展打下了坚实基础。

近年来，通过深化集体林权制度改革、大力发展生态旅游等，三明认真画好"山水画"、做好"山水田"文章，借助改革创新的力量，把沉睡的群山变成家门口的绿色银行，把大自然的恩赐变成让群众受益的生态产品。2020年，全市农民人均涉林纯收入5945元，占农民人均可支配收入的30.6%。全市林下经济总面积达404.89万亩，农民每赚4元钱，就有1元钱来自林业。2021年年底，全市已经制发"林票"面积11.34万亩、金额1.12亿元，惠及5.99万人，人均获得现值"林票"高达744元，163个试点村每年村集体可增收5万元以上。这一张张林票，让过去难以流通的林权实现证券化。可以说，林农手中的林权证是承包权的"定心丸"，"林票"则是收益权的"定心丸"。据北京林业大学评估，三明市森林资源资产价值2823亿元，森林生态系统每年为社会提供服务价值2642亿元。

创新三产融合发展机制，做特"一产"，做大"二产"，做优"三产"，推动产业转型升级，促进林业发展壮大，推动林业改革与乡村振兴、脱贫攻坚、生态建设实现有机融合，使乡村发展步入"快车道"。2020年全市实现林业产业总产值 1213 亿元，其中第一产业产值 150 亿元，第二产业产值 986 亿元，第三产业产值 77 亿元。全市培育森林人家 91 家，打造乡村振兴示范村 110 个，带动全市村财涉林收入 1.36 亿元，占村财总收入的 16.1%。"福林贷""益林贷"等普惠性金融产品，扶持 1.08 万户低收入人口发展生产，聘用 373 户低收入人口为生态护林员，是以林为抓手实现乡村振兴的生动案例。

（二）以生态为底色融合发展实现乡村振兴之天王镇模式

江苏句容天王镇是绿色生态产业化发展实现乡村振兴的典型代表。天王镇给人的第一印象是：生态良好，环境优美，大树成荫，各类苗木、花草相得益彰，宛如走进了天然氧吧。近年来，天王镇坚定不移地走生态优先、绿色引领的发展之路，各项事业呈现蓬勃发展的良好态势。全镇现有绿色产业类项目 17 个，高效农业面积达 8 万亩，电商企业 10 余家。乡村旅游越办越好，成功举办了四届句容市樱花节，累计吸引游客近 400 万人次，成功创建森林文化特色小镇和江苏省特色景观名镇。

将生态资源转化为发展新潜能是天王镇的成功经验。据调查，天王镇林木主要有天然阔叶乔木林，人工乔木林，次生阔杂林，乡土树种占 80% 以上。全镇境内有各类植物 1000 多种，野猪、狼、狐等野生动物数十种，珍稀鸟类有 100 多种。生态优先和绿色发展理念在天王镇深深扎根，民众爱林护林、绿化美化是一种自发活动，绿色发展的理念扩展到社会经济发展的方方面面。天王镇在推动产业发展中，从利于生态环境绿色发展角度出发，对原有高能耗企业实行关停并转，已关闭 10 多家建材企业。同时，盘活存量，做大增量，通过三产融合模式构建起完善的现代化产业体系。集镇污水处理率达 90% 以上，工业废水全部达标排放，垃圾处理站每天将居民垃圾集中处理运到填埋场进行处理。太阳能、沼气等绿色能源利用率在全市领先，90% 的集镇农村家庭使用太阳能热水器，部分偏远农户使用沼气作为燃料，再生资源利用率超过 50%，农田、林地及自然资源得到有效保护与合理利用。综合运用"互联网 +"模式，做大电商平台促进省级现代农业园区和唐陵省级返乡农民创业示范园提档升级。依托工业园区，做优做强一批亿元以上企业。以全域旅游为落脚点，发挥生态资源优势，全力打造"旅游 +"特色旅游产业新格局，以农旅结合战略为抓手，加快融入生态和文化元素，提升九大旅游园区特色化发展水平，推动"樱花节"市场化运营，打响天王旅游品牌，形成新的经济增长点，实现全镇步入新的可持续发展阶段。

江苏大丰麋鹿自然保护区（晋翠萍 摄）

二、坚持绿色发展之路，共筑生态文明之基

生态兴则文明兴，生态衰则文明衰。良好生态环境是人和社会持续发展的基础，生态环境保护是功在当代、利在千秋的事业。近年来，在习近平生态文明思想指引下，围绕生态建设，中国谋划开展了一系列根本性、开创性、长远性工作，推动生态环境保护发生历史性、转折性、全局性变化。"坚持人与自然和谐共生""绿水青山就是金山银山""良好生态环境是最普惠的民生福祉"等新理念、新战略深入人心，生态文明建设被纳入"五位一体"总

体布局，绿色发展融入五大发展理念，神州大地山清水秀，一幅美丽中国新画卷正徐徐展开。

中国始终是绿色生活的积极倡导者和实践者，始终在为建设人类共同的美好家园而辛勤耕耘。2015 年巴黎气候大会开幕式上，习近平主席呼吁建立公平有效的全球应对气候变化机制。在 2017 年联合国日内瓦总部演讲中，习近平主席提出"坚持绿色低碳，建设一个清洁美丽的世界"的中国方案。中国积极推动《巴黎协定》达成和生效，使《巴黎协定》成为历史上批约生效最快的国际条约之一。

中国曾经是世界上荒漠化最严重的国家之一。本着以人民为中心的发展思想，以子孙利益为重，中国先后启动了"三北"防护林建设、京津风沙源治理、退耕还林还草等重大生态工程。其中，作为世界上唯一被整体治理的沙漠，库布齐治沙实现了从"沙进人退"到"绿进沙退"的伟大巨变，被联合国誉为"全球沙漠生态经济示范区"，成为带动全球绿化的"领头羊"。经过多年探索，中国已经走出了一条生态与经济并重、治沙与治穷共赢的荒漠化防治之路。据 2017 年联合国发布的有关报告认定，库布齐共计修复绿化沙漠 6253 平方千米，为社会创造生态财富 5000 多亿元人民币，带动当地民众 10.2 万人摆脱贫困。可以说，库布齐沙漠治理为国际社会治理环境生态、落实 2030 年议程提供了"中国经验"。

"不要人夸好颜色，只留清气满乾坤"。中国近年来在生态保护、绿色发展中的表现令世界瞩目。事实上，中国在绿色经济发展实践中积累了许多知识和经验，也正在为世界的绿色发展贡献越来越多的中国智慧。

2019 年 7 月 27 日，第七届库布齐国际沙漠论坛在内蒙古自治区鄂尔多斯市举办，国家主席习近平致贺信。习主席在贺信中指出，国际社会应该携手努力，加强防沙治沙国际合作，推动全球环境治理，全面落实 2030 年可持续发展议程，还自然以和谐美丽，为人民谋幸福安康。正如习主席在贺信中所强调的那样："荒漠化防治是关系人类永续发展的伟大事业。"各国应站在人类命运共同体的高度，不断增强防治荒漠化的使命感、责任感和紧迫感，携手努力，加强合作，全面落实 2030 年可持续发展议程，携手推进全球环境治理保护，为建设美丽清洁的世界作出积极贡献！

三、中国绿色发展模式走向世界

党的十八大以来，在习近平生态文明思想指引下，我国进一步加大生态文明和国土绿化建设力度，"绿水青山就是金山银山"理念日益深入人心，生态文明顶层设计和制度体系建设加快推进，生态环境质量持续改善：2013 年至 2018 年，全国完成造林 0.4 亿公顷，森林面积达 2.15 亿公顷；国家储备林制度初步建立，建设和划定国家储备林 318 万公顷；草原生态环境持续恶化势头得到遏制，综合植被盖度超过 55.7%；启动沙化土地封禁保护区等试点，荒漠化、沙化土地面积持续缩减。

2019 年初，美国航天局根据卫星数据进行的一项研究，全球从 2000 年到 2017 年新增的绿化面积中，约 1/4 来自中国，贡献比例居首位。在中国的贡献中 42% 来自植树造林。研究人员最初以为主要原因是气候变暖等环境因素促进了植物生长，但分析显示，人类的绿化活动有巨大贡献。

40 多年前，"三北"防护林工程开创了我国生态工程建设的先河，累计完成造林保存面积 3014.3 万公顷，在我国北方筑起了一道"绿色长城"。此后，我国又相继启动实施了一系列重大生态工程，如天然林保护工程、退耕还林工程、京津风沙源治理工程……为中华大地绿色版图不断扩容发挥了重要作用。

据国家林业和草原局最新数据，2020 年，我国完成造林 677 万公顷、森林抚育 837 万公顷、种草改良草原 283 万公顷、防沙治沙 209.6 万公顷，全国湿地保护率达 50% 以上。开展国家森林城市建设的城市达 441 个，城市人均公园绿地面积达 14.8 平方米。新增公路绿化里程 18 万千米，铁路绿化里程 4933 千米。截至 2021 年，全国森林覆盖率达 23.04%，森林面积 2.2 亿公顷。尤为引人注目的是，中国造出了全世界面积最大的人工林，保存面积达

0.69 亿公顷。在全球森林资源持续减少的背景下，中国森林面积和蓄积量持续双增长，成为全球森林资源增长最多的国家。

世界自然基金会全球总干事马尔科·兰贝蒂尼指出：2020 年是重新平衡人类与自然关系的重要时机。世界各国领导人就自然、气候和可持续发展问题作出重要决定，我们有机会达成"人与自然和谐新共识"，使自然在 2030 年前走上复苏之路。中国作为《生物多样性公约》第十五次缔约方大会的东道国，在缔约方大会开始前和会议期间可以发挥极其重要的作用。在树立解决生物多样性危机的雄心并动员其他国家支持这一雄心方面，东道国的领导力对于成功完成"2020 年后全球生物多样性框架"谈判至关重要。

1980 年，世界自然基金会受中国政府邀请来华开展大熊猫保护工作。截至 2020 年，我们在华开展生态环境保护工作四十周年。我们的工作领域从旗舰物种保护，逐渐扩展到森林、淡水、海洋等生态系统保护，以及气候变化、食物与市场、绿色金融、海洋塑料、绿色"一带一路"、全球环境治理等多个方面。

马尔科·兰贝蒂尼自 2014 年担任世界自然基金会全球总干事以来，每年都来华访问，亲身感受到中国政府在推进生态文明建设方面的决心和力度。印象最为深刻的是，中国对野生非洲象和犀牛种群以及老虎的保护作出了巨大贡献，这也是全球打击非法野生动植物贸易的重要胜利。中方承诺建设性参与全球应对气候变化和保护全球生物多样性多边进程，办好《生物多样性公约》第十五次缔约方昆明大会，为推动全球可持续发展作出贡献。

马尔科·兰贝蒂尼总干事认为，全球正面临着气候变暖和生物多样性衰退的严峻态势。我们必须由传统工业化发展方式转向更符合可持续发展要求、更具竞争力的绿色发展方式，在"一个地球界限"内实现经济增长和社会发展，满足持续增长的世界人口的需求。绿色发展包括但不限于对污染防治、应对气候变化和生物多样性保护的投资，还包括由绿色消费、绿色生产、绿色创新、绿色金融等共同构成的绿色经济体系蕴含的巨大动能。中国提出的新发展理念体现了全球对可持续发展的共识。中国过去 40 多年取得了巨大成就，无论是在经济增长、城镇化率、减贫，还是在人均寿命、教育水平、生活质量等方面，中国在联合国人类发展指数排名中持续上升。中国拥有 14 亿余人口，城乡、区域发展存在着不均衡。中国的绿色转型探索对世界各国特别是发展中国家具有借鉴意义。中国不仅提出了建设"美丽中国"的宏伟计划，还承诺将绿色作为"一带一路"倡议的底色，引导金融机构和企业等促进"一带一路"建设项目所在国的可持续发展。就在 2020 年 9 月初，由中国发起成立的亚洲基础设施投资银行宣布将不再为任何火电项目和涉煤项目投资。我们希望更多的金融机构和企业做出相关的承诺，践行绿色"一带一路"理念。

四、全面强化林草碳汇建设，应对气候变化能力得到提高

（一）推动减污降碳，助力绿色转型

实现碳达峰碳中和，是以习近平同志为核心的党中央统筹国内国际两个大局作出的重大战略决策，是着力解决资源环境约束突出问题、实现中华民族永续发展的必然选择，是构建人类命运共同体的庄严承诺。应对气候变化十年：推动减污降碳，助力绿色转型。

党的十八大以来，我国将应对气候变化摆在国家治理更加突出的位置，不断提高碳排放强度削减幅度，不断强化自主贡献目标，以最大努力加大应对气候变化力度，推动经济社会发展全面绿色转型，建设人与自然和谐共生的现代化。

作为最大的发展中国家，为完成全球最高碳排放强度降幅，实现应对气候变化目标，我国迎难而上，积极制定和实施了一系列应对气候变化战略、法规、政策、标准与行动，推动应对气候变化实践不断取得新进步。

加强应对气候变化统筹协调。成立国家应对气候变化及节能减排工作领导小组。2018 年，调整相关部门职能，由新组建的生态环境部负责应对气候变化工作，强化应对气候变化与生态环境保护的协同。2021 年，为指导和统筹做好碳达峰碳中和工作，成立碳达峰碳中和工作领导小组，各省（自治区、直辖市）陆续成立碳达峰碳中和工作领导小组，加强地方碳达峰碳中和工作统筹。

将应对气候变化纳入国民经济和社会发展规划。自"十二五"开始，我国将单位国内生产总值（GDP）二氧化碳排放（碳排放强度）下降幅度作为约束性指标纳入国民经济和社会发展规划纲要。"十四五"规划和 2035 年远景目标纲要将"2025 年单位 GDP 二氧化碳排放较 2020 年降低 18%"作为约束性指标。各省（自治区、直辖市）均将应对气候变化作为"十四五"规划的重要内容，明确具体目标和工作任务。

建立应对气候变化目标分解落实机制。综合考虑各地发展阶段、资源禀赋、战略定位等因素，分类确定省级碳排放控制目标，并对省级政府控制温室气体排放目标责任进行考核，将其作为各省（自治区、直辖市）主要负责人和领导班子综合考核评价、干部奖惩任免等重要依据。省级政府对下一级行政区域控制温室气体排放目标责任也开展相应考核，确保应对气候变化与温室气体减排工作落地见效。

2021 年 9 月，中共中央、国务院发布《关于完整准确全面贯彻新发展理念做好碳达峰碳中和工作的意见》；2021 年 10 月，国务院发布《2030 年前碳达峰行动方案》。

（二）发挥市场机制作用，持续推进全国碳市场制度体系建设

建设全国碳排放权交易市场（以下简称"全国碳市场"）是落实碳达峰碳中和目标的重要政策工具，是推动绿色低碳发展的重要引擎。

2011 年 10 月，碳排放权交易地方试点工作在北京、天津、上海、重庆、广东、湖北、深圳启动。2013 年起，7 个试点碳市场陆续开始上线交易，覆盖了电力、钢铁、水泥等 20 多个行业近 3000 家重点排放单位，为全国碳市场建设积累了宝贵经验。

2021 年 7 月 16 日，全国碳市场正式启动上线交易。截至 2022 年 7 月 15 日，碳排放配额累计成交量 1.94 亿吨，累计成交额 84.92 亿元，交易量满足了企业履约的基本需求，符合碳市场作为减排政策工具的预期。

目前，我国已初步构建全国碳市场制度体系，形成了"配额分配—数据管理—交易监管—执法检查—支撑平台"一体化的管理框架，碳市场激励约束作用初步显现。通过市场机制首次在全国范围内将碳减排责任落实到企业，增强了企业"排碳有成本、减碳有收益"的低碳发展意识，有效发挥了碳定价功能。生态环境部组织开展全国碳排放报告质量专项监督帮扶，对发现的问题严肃处理，向社会公开碳市场数据造假典型问题案例，切实发挥了警示震慑作用，产生了积极的社会影响。全国碳市场不仅是我国控制温室气体排放的政策工具，也为广大发展中国家建立碳市场提供了借鉴，同时为促进全球碳定价机制形成发挥了积极作用，受到国际社会广泛关注与认可。

同时，为调动全社会自觉参与碳减排活动的积极性，体现交易主体的社会责任和低碳发展需求，促进能源消费和产业结构低碳化，2012 年，我国建立温室气体自愿减排交易机制。截至 2021 年 9 月 30 日，自愿减排交易累计

成交量超过 3.34 亿吨二氧化碳当量,成交额逾 29.51 亿元,国家核证自愿减排量(CCER)已被用于碳排放权交易试点市场配额清缴抵销或公益性注销,有效促进了能源结构优化和生态保护补偿。

(三)促进经济社会发展全面绿色转型

推动减污降碳协同增效,多措并举促进经济社会发展全面绿色转型。"十四五"时期,我国生态文明建设进入以降碳为重点战略方向,推动减污降碳协同增效,促进经济社会发展全面绿色转型,实现生态环境质量改善由量变到质变的关键阶段。

实现减污降碳协同增效是我国新发展阶段经济社会发展全面绿色转型的必然选择。2015 年,《大气污染防治法》修订中专门增加条款,为实施大气污染物和温室气体协同控制和开展减污降碳协同增效工作提供法治基础。

为加快推进应对气候变化与生态环境保护相关职能协同、工作协同和机制协同,我国从战略规划、政策法规、制度体系、试点示范、国际合作等方面,明确统筹和强化应对气候变化与生态环境保护的主要领域和重点任务。

多措并举、综合施策是新发展阶段经济社会发展全面绿色转型的重要手段。其中,能源绿色低碳发展是关键,重点领域转型是抓手,技术创新是引擎。

在能源绿色低碳发展方面,确立能源安全新战略,深化能源体制改革,优先发展非化石能源,积极推动煤炭供给侧结构性改革,推进终端用能领域以电代煤、以电代油。

针对重点领域,持续严格控制高耗能、高排放项目盲目扩张,依法依规淘汰落后产能,加快化解过剩产能;强化钢铁、建材、化工、有色金属等重点行业能源消费及碳排放目标管理;加强工业过程温室气体排放控制,通过原料替代、改善生产工艺、改进设备使用等措施积极控制工业过程温室气体排放;构建绿色低碳交通体系,调整运输结构,加大新能源汽车推广应用力度;推动城乡建设领域绿色低碳发展,推广绿色建筑,推动既有居住建筑节能改造,大力开展绿色低碳宜居村镇建设,加快推进北方地区冬季清洁取暖。

以科技创新为引擎。我国先后发布应对气候变化相关科技创新专项规划、技术推广清单、绿色产业目录,全面部署了应对气候变化科技工作,持续开展应对气候变化基础科学研究,强化智库咨询支撑,加强低碳技术研发应用。国家重点研发计划将组织 10 余个应对气候变化科技研发重大专项,积极推广温室气体削减和利用领域 143 项技术的应用。鼓励企业牵头绿色技术研发项目，支持绿色技术成果转移转化，建立综合性国家级绿色技术交易市场，引导企业采用先进适用的节能低碳新工艺和技术。

（四）采取强有力政策措施，应对气候变化取得积极成效

实现碳达峰、碳中和，是以习近平同志为核心的党中央作出的重大战略决策，事关中华民族永续发展和构建人类命运共同体。习近平总书记对林草在实现"双碳"目标中发挥的作用寄予厚望，强调指出，森林是水库、钱库、粮库，现在应该再加一个"碳库"。十年来，林草部门把加强林草碳汇建设作为一项重要政治任务，采取有力措施抓紧抓实。

发挥林草在应对气候变化中的积极作用。林草是减缓和适应气候变化的重点领域，培育和经营林草资源，有利于提高林草资源的储碳固碳能力。我国林草植被总碳储量达 114.43 亿吨，年碳汇量 12.8 亿吨。我国将 2030 年森林蓄积量比 2005 年增加 60 亿立方米列为应对气候变化国家自主贡献目标，比原来提出的增加 45 亿立方米目标又多 15 亿立方米，彰显了我国应对气候变化的大国担当，赢得国际社会广泛赞誉。

党的十八大以来，我国通过调整产业结构、优化能源结构、节约提高能效、增加森林碳汇、提高适应气候变化能力等，为建设清洁美丽的世界贡献了中国智慧、中国方案、中国力量。

能源生产和消费革命取得显著成效。2021 年，我国非化石能源消费比重达 16.6%，风电、光伏发电装机均居世界首位，新能源汽车保有量占世界的一半。"十三五"期间，我国以年均 2.8% 的能源消费量增长支撑了年均 5.7% 的经济增长，节约能源占同时期全球节能量的一半左右。能源消费结构向清洁低碳加速转化，煤炭由 2005 年占能源消费总量的 72.4% 下降至 2020 年的 56.8%。

产业低碳化为绿色发展提供新动能。节能环保等战略性新兴产业快速壮大并逐步成为支柱产业，高技术制造业增加值占规模以上工业增加值比重的 15.1%。我国高耗能项目产能扩张得到有效控制，石化、化工、钢铁等重点行业转型升级加速，提前完成"十三五"化解钢铁过剩产能 1.5 亿吨上限目标任务，全面取缔"地条钢"产能 1 亿多吨。

绿色节能建筑跨越式增长。截至 2020 年年底，城镇新建绿色建筑占当年新建建筑比例高达 77%，累计建成绿色建筑面积超过 66 亿平方米。累计建

湿地变迁（焦洪泰 摄）

成节能建筑面积超过 238 亿平方米，节能建筑占城镇民用建筑面积比例超过 63%。

绿色交通体系日益完善。大宗货物运输"公转铁""公转水"，以及江海直达运输、多式联运发展持续推进。城市低碳交通系统建设成效显著。"十三五"期间城市公共交通累计完成客运量超 4270 亿人次，城市公共交通机动化出行分担率稳步提高。

生态系统碳汇能力明显提高。组织实施林草生态保护修复重大工程、森林质量精准提升工程和林草区域性系统治理项目。目前，我国森林覆盖率、森林蓄积量分别达 24.02%、194.93 亿立方米，成为全世界森林资源增长最快最多的国家。

推出提升林草生态系统碳汇的具体措施。制定实施林草碳汇行动方案、生态系统碳汇能力巩固提升实施方案，组织编制了碳汇造林、森林经营碳汇、竹子造林碳汇、竹林经营碳汇等项目方法学，并作为行业标准。推进将包括

林业碳汇在内的温室气体自愿减排项目纳入碳排放权抵消机制。开展全国林草碳汇计量监测和清单编制，完成林草碳汇测算。成功发射中国首颗碳卫星，碳汇监测进入天基遥感时代。

开展林业碳汇试点。组织开展林业碳汇试点市（县）建设和国有林场森林碳汇试点建设。积极参与全国碳排放权交易，支持各地开展林草碳汇交易试点，引导支持社会资本参与。多地制定林业碳汇开发交易实施方案，成立森林碳汇局。福建开展林业碳汇交易，累计交易350.8万吨、5168.8万元。贵州发放林业碳票，涉及森林面积3.3万亩，碳减排量13.573万吨，授信额度500万元。

推动生态产品价值实现，既是保护林草资源的必然要求，也是实现绿色发展的重要途径。林草系统将认真贯彻落实习近平生态文明思想，扎实践行"绿水青山就是金山银山"理念，不断发展和科学利用林草资源，推进生态保护和经济发展良性互动，更好地实现生态美与百姓富的有机统一。

五、国家公园体制试点取得显著成效

自然保护地是生态建设的核心载体、中华民族的宝贵财富、美丽中国的重要象征，在维护国家生态安全中居于首要地位。党的十八大以来，以习近平同志为核心的党中央站在实现中华民族永续发展的战略高度，作出一系列重大战略部署，采取一系列重大举措，推进建立国家公园体制，加快建立以国家公园为主体的自然保护地体系，切实加大自然生态保护力度。十年来，国家公园体制试点任务圆满完成，国家公园建设扎实推进，自然保护地管理体制和建设发展机制逐步完善，重要自然生态系统、自然景观、自然遗产和生物多样性逐步得到系统性保护，生态安全保障和生态产品供给能力不断提高，人与自然和谐共生的美丽中国画卷徐徐铺展。构建以国家公园为主体的自然保护地体系给子孙后代留下珍贵的自然资产。

经过多年努力，我国建立了数量众多、类型丰富、功能多样的各类自然保护地，但也存在重叠设置、多头管理、边界不清、权责不明、保护与发展矛盾突出等问题。习近平总书记指出，要创新自然保护地管理体制机制，实施自然保护地统一设置、分级管理、分区管控，把具有国家代表性的重要自然生态系统纳入国家公园体系，实行严格保护。林草系统坚决贯彻落实习近平总书记重要指示精神，通过建立法规制度政策，创新管理体制机制，初步形成了分类科学、布局合理、保护有力、管理有效的以国家公园为主体的自然保护地体系。

加强谋划设计，逐步建立制度体系。开展整合优化，加快构建自然保护地体系。强化规范引导，建立健全规划标准体系。推进原真性、完整性保护，自然生态保护成效明显增强。突出国家公园生态保护及重点物种保护。不断探索国家公园保护与发展模式。积极开展自然保护地执法及专项检查整治。

我国国家公园建设始终坚持生态保护第一、国家代表性、全民公益性理念，在严格保护自然生态的同时，加强自然教育，推进共建共享，形成了独特的国家公园文化，国家公园成为传播习近平生态文明思想的重要阵地。推进宣传教育和合作交流，国家公园理念和自然保护成就广泛传播。广泛开展国际交流合作。成功举办第一届中国自然保护国际论坛、首届国家公园论坛，筹办了《生物多样性公约》第 15 次缔约方大会和第 44 届世界遗产大会，形成《深圳共识》《西宁共识》《福州宣言》，向世界讲述中国自然保护的最新实

珙桐（枝条）（张军 摄）

践，提供生态治理的中国方案。东北虎豹国家公园与俄罗斯豹地国家公园、大熊猫国家公园与加拿大贾斯珀国家公园和麋鹿岛国家公园建立结对合作关系。积极申报世界遗产、世界地质公园、世界人与生物圈保护区，2018 年以来我国新增 2 项世界自然遗产、6 处世界地质公园，总数分别达 14 个、41 个，均居世界第一，34 个国家级自然保护区加入人与生物圈网络。

参考文献

陈建成. 推进绿色发展实现全面小康——绿水青山就是金山银山理论研究与实践探索［M］. 北京：中国林业出版社，2018.

费世民. 中国西部脆弱生态区生态修复研究［M］. 北京：中国林业出版社，2020.

傅光华，等. 林长制体系构建探索［M］. 北京：中国林业出版社，2022.

傅光华. 生态文明建设的体制因素——流域生态治理理论与实践［M］. 北京：中国林业出版社，2021.

国家林业和草原局. 中国森林资源报告（2014—2018）［M］. 北京：中国林业出版社，2019.

国家林业局. 党政领导干部生态文明建设读本［M］. 北京：中国林业出版社，2014.

国家林业局. 党政领导干部生态文明建设简明读本［M］. 北京：中国林业出版社，2020.

国家林业局. 绿水青山——建设美丽中国纪实［M］. 北京：中国林业出版社，2015.

国家林业局. 中国的绿色增长——十六大以来中国林业的发展［M］. 北京：中国林业出版社，2012.

国家林业局. 中国林业工作手册［M］. 2版. 北京：中国林业出版社，2017.

江泽慧. 生态文明时代的主流文化——中国生态文化体系研究总论［M］. 北京：人民出版社，2013.11.

莱斯特·R. 布朗. 生态经济：有利于地球的经济构想［M］. 林自新，等，译. 北京：东方出版社，2002.

水利部农村水利司. 新中国农田水利史略：1949—1998［M］. 北京：中国水利水电出版社，1999.

习近平. 高举中国特色社会主义伟大旗帜 为全面建设社会主义现代化国家而团结奋斗：在中国共产党第二十次全国代表大会上的报告［M］. 北京：人民出版社，2022.

习近平. 决胜全面建成小康社会夺取新时代中国特色社会主义伟大胜利：在中国共产党第十九次全国代表大会上的报告［M］. 北京：人民出版社，2017.

新华社. 中国共产党第十九次中央委员会第六次全体会议公报［M］. 北京：人民出版社，2021.

中共中央党校. 习近平新时代中国特色社会主义思想基本问题［M］. 北京：人民出版社，中共中央党校出版社，2021.

中共中央文献研究室. 习近平关于社会主义生态文明建设论述摘编［M］. 北京：中央文献出版社，2017.

中共中央宣传部. 习近平新时代中国特色社会主义思想学习纲要［M］. 北京：学习出版社，人民出版社,2019.

曹世雄.陈莉,郭喜莲.试论人类与环境相互关系的历史演递过程及原因分析[J].农业考古,2001(01):35-37.

傅光华,傅崇煊.退耕还林工程生态效益指标量化方法及效益评估[J].林产工业.2017,44(12):28-32.

傅光华.干旱半干旱流域下垫面植被影响水循环机理及干预方式[J].绿色科技,2022,24(8):1-6.

傅光华.驱动生态异变机制及生态文明建立的体制因素[J].中文科技期刊数据库(全文版)社会科学,2022,3(1):61-66.

高世楫,俞敏.中国提出"双碳"目标的历史背景、重大意义和变革路径[J].新经济导刊,2021(2):04-08.

黄坤明.习近平中国特色社会主义思想实现马克思主义中国化新的飞跃[J].新华月报,2021,12(24):011-019.

姜喜山.我国速生丰产用材林基地建设的现状、问题与对策[J].中国林业产业,2004(01):45-47.

刘先银."万物各得其和以生,各得其养以成"——中华传统经典的生态哲学思考[J].新华月报,2022(1):78-79.

刘先银.生态文明建设的总体要求目标重点制度体系——解读《中共中央国务院关于加快推进生态文明建设的意见》[J].节约能源资源,2016(增刊):24-27.

任怡,王义民.基于多源指标信息的黄河流域干旱特征对比分析[J].自然灾害学报,2017,26(04):106-115.

孙文涛.生态文明建设和经济高质量发展分析[J].财经界,2021(9):26-27.

郑子彦,吕美霞,马柱国.黄河源区气候水文和植被覆盖变化及面临问题的对策建议[J].中国科学院院刊,2020,35(1):61-72.

北京市习近平新时代中国特色社会主义思想研究中心.见证全面建成小康社会伟大成就[N].经济日报,2021-09-30.

本报评论员.弘扬塞罕坝精神,把我们伟大的祖国建设得更加美丽——论中国共产党人的精神谱系之三十八[N].人民日报,2021-11-16.

陈茂山.三江源重大生态保护和修复工程深入推进[N].人民日报,2021-11-12.

陈若松,余文.推动绿色发展迈上新台阶[N].经济日报,2021-08-02.

陈文锋.推动生态文明建设迈上新台阶[N].经济日报,2021-08-04.

范恒山.文化让城市更美好[N].人民日报,2021-11-22.

傅凯华.推动中华优秀传统文化创造性转化创新性发展[N].光明日报,2021-11-25.

高润喜.发挥绿色生态优势 实现高质量发展[N].金台资讯,2022-01-27.

耿建扩,陈元秋.绿水青山造福人民——塞罕坝精神述评[N].光明日报,2021-11-17.

龚维斌.以习近平生态文明思想引领新时代生态文明建设[N].光明日报,2022-08-26.

戴厚良.新型城镇化为构建新深入学习贯彻习近平生态文明思想为建设能源强国贡献力量[N].学习时报,2022-01-21.

光明日报编辑部.我们党的百年奋斗史就是为人民谋幸福的历史[N].光明日报,2021-06-25.

国家林业和草原局.大熊猫国家公园:见证中国生态文明建设的世界贡献[N].中国绿色时报,2020-08-14.

国家林业和草原局.国家森林城市建设成就综述[N].经济日报,2019-11-18.

何忠国.抹去一片荒漠 挺起一种精神[N].学习时报,2021-08-27.

贺高祥,文传浩.以系统思维推进国家公园建设[N].光明日报,2021-11-17.

胡金焱.以新发展理念推动黄河流域生态保护和高质量发展[N].光明日报,2021-11-17.

胡敏.三江源·祁连山·青海湖[N].学习时报,2021-06-18.

黄承梁.深入探讨生态文明建设重大问题——"百年中国共产党生态文明建设历程和经验学术研讨会"述要[N].人民日报,2021-07-29.

黄润秋.把碳达峰碳中和纳入生态文明建设整体布局[N].学习时报,2021-11-17.

黄守宏.生态文明建设是关乎中华民族永续发展的根本大计(深入学习贯彻党的十九届六中全会精神)[N].人民网,2021-12-14.

黄志斌.走向生态文明新时代[N].人民日报,2019-07-12.

姜昱子.人与自然和谐共生的实践路径[N].光明日报,2021-09-03.

解建立.积极保障优质生态产品有效供给[N].经济日报,2020-11-24.

经济日报课题组.习近平经济思想研究评述[N].经济日报,2021-11-29.

寇江泽.推动全国碳市场平稳健康发展[N].人民日报,2021-11-22.

李馥伊,杨长湧.携手构建人类命运共同体的伟大实践——论高质量共建"一带一路"[N].经济日报,2021-11-09.

李慧.中国人工林建设的成就与启示:全球增绿的中国贡献[N].光明日报,2019-08-08.

李毅.理解共同富裕的丰富内涵和目标任务[N].人民日报,2021-11-11.

李永胜.携手共建地球生命共同体的中国方案[N].人民日报,2021-12-02.

刘毅.弘扬塞罕坝精神推进生态文明建设[N].人民日报,2021-11-16.

刘毅.有力有序降碳促进高质量发展[N].人民日报,2021-12-07.

陆小成.以史为鉴 持续推动美丽中国建设[N].光明日报,2021-11-22.

马建堂.在高质量发展中促进共同富裕[N].人民日报,2021-11-10.

潘家华,黄承梁.建设人与自然和谐共生的现代化[N].人民日报,2021-06-09.

潘家华.坚持绿色发展[N].求是,2015-12-01.

潘家华.绿色,全面小康的鲜明底色[N].经济日报,2020-08-13.

潘家华.碳中和引领人与自然和谐共生[N].光明日报,2021-12-29.

潘家华.推进"绿色化"谋划新格局[N].经济日报,2015-05-21.

潘家华.以习近平生态文明思想为指导建设美丽中国[N].光明日报,2019-03-26.

彭文生.用科技创新推动绿色转型——奋进"十四五",建设美丽中国[N].人民日报,2021-10-

08.

乔清举. 习近平的生态文明[N]. 红旗文摘, 2016-7-28.

盛玉雷. 让青山常在、绿水长流、空气常新[N]. 人民日报, 2021-09-01.

施红, 程静. 在高质量发展中扎实推进共同富裕[N]. 光明日报, 2021-10-26.

孙金龙, 黄润秋. 坚持以习近平生态文明思想为指引 深入打好污染防治攻坚战[N]. 人民日报, 2021-12-06.

孙金龙. 深入学习贯彻习近平生态文明思想 加快构建人与自然和谐共生的现代化[N]. 学习时报, 2022-01-28.

孙秀艳. 协力共建地球生命共同体[N]. 人民日报, 2021-10-19.

孙要良. 以系统观念引领新发展阶段生态文明建设[N]. 中国环境报, 2021-01-20.

汤俊峰. 新时代对历史文化的创造性转化[N]. 经济日报, 2021-12-31.

汪晓东, 刘毅, 林小溪. 让绿水青山造福人民泽被子孙——习近平总书记关于生态文明建设重要论述综述[N]. 人民日报, 2021-06-03.

王丹, 熊晓琳. 以绿色发展理念推进生态文明建设[N]. 红旗文稿, 2017-01-11.

王仕国. 深刻把握"三个敬畏"的唯物史观意蕴[N]. 光明日报, 2022-01-13.

吴晓丹. 人类命运共同体建设向着光明前景进发[N]. 解放军报, 2021-12-08.

夏文斌, 蓝庆新. 建立健全碳交易市场体系[N]. 光明日报, 2021-08-03.

肖玉明. 正确把握生态文明建设六个关系[N]. 学习时报, 2020-09-16.

谢春涛. 中国共产党如何建设社会主义现代化强国[N]. 光明日报, 2022-01-19.

谢地. 协调发展是评价高质量发展的重要标准和尺度[N]. 经济日报, 2021-11-16.

徐步. 构建人类命运共同体是时代要求历史必然[N]. 学习时报, 2021-07-23.

徐鹏. 为全球生态文明发展贡献中国智慧与中国方案[N]. 贵州日报, 2018-07-17.

杨国宗. 坚持绿水青山就是金山银山的理念 走以绿色为底色的高质量发展之路[N]. 人民日报, 2021-12-28.

杨洁篪. 推动构建人类命运共同体[N]. 人民日报, 2021-11-26.

叶传增. 人民日报现场评论: 绿色发展释放生态红利[N]. 人民日报, 2020-12-23.

殷鹏. 给子孙后代留一个清洁美丽世界[N]. 人民日报, 2021-07-29.

俞懿春. 中国生态文明建设为全球可持续发展贡献力量[N]. 人民日报, 2021-06-06.

袁绍光. 习近平总书记强调的"一盘棋"[N]. 学习时报, 2022-01-10.

曾鸣. 构建综合能源系统 打好实现碳达峰碳中和这场硬仗[N]. 人民日报, 2021-07-28.

张进财. 紧紧依靠人民不断造福人民 以人民为中心建设美丽中国[N]. 人民日报, 2021-06-18.

张文. 释放绿色发展的潜力[N]. 人民日报, 2021-06-04.

张晓旭. 新型城镇化为构建新发展格局积蓄动能[N]. 经济日报, 2022-01-19.

张雅勤. 赢得民心、守住人心: 乡村建设行动的关键所在[N]. 光明日报, 2022-01-21.

赵建军. 新时代推进生态文明建设的重要原则[N]. 光明日报, 2019-02-11.

赵渊杰. 从中华优秀传统文化中汲取生态智慧[N]. 人民日报, 2021-11-12.

中国宏观经济研究院课题组. 以人民为中心贯彻新发展理念［N］. 经济日报，2022-01-10.

中国社会科学院生态文明研究智库. 开辟生态文明建设新境界［N］. 人民日报，2018-08-22.

周树春. 中国式现代化的人类文明史意涵［N］. 北京日报，2022-01-10.

崔丽，谢学军，洪秋妹. 中国花卉产业发展情况调研报告［EB/OL］. 中国农网，2020-10-19.http://www.chyxx.com/research/202011/907062.html.

关志鸥. 保护世界自然遗产　推进生态文明建设［EB/OL］. 国家林业和草原局政府，2021-07-17. https://www.forestry.gov.cn/main/586/20210717/160342855719074.html.

郝思斯. 绿色转型实质是发展范式变革——对话中国社会科学院生态文明研究所所长张永生［EB/OL］. 中央纪委国家监委网站，2021-11-09.https://huanbao.bjx.com.cn/news/20211109/1186808.shtml.

胡璐. 如何以"林长制"促进"林长治"？——专访国家林业和草原局党组书记、局长关志鸥［EB/OL］. 新华社，2021-01-12,https://www.forestry.gov.cn/main/3957/20210113/085237834708753.html.

湖南省林业局. 吴剑波在全省林业宣传暨生态文化建设工作会议上的讲话［EB/OL］. 湖南省林业局网，2021-01-04,http://lyj.hunan.gov.cn/lyj/xxgk_71167/ldjh/202101/t20210104_14107924.html.

黄河委员会. 黄河概况［EB/OL］. 黄河网，2011-08-14,http://www.yrcc.gov.cn/hhyl/hhgk/.

姜文来. "五个追求"为全球生态文明建设贡献中国智慧［EB/OL］. 千龙网·中国首都，2019-04-30,http://china.qianlong.com/2019/0430/3250786.shtml.

马柱国，符淙斌. 黄河流域气候及水资源变化现状及预估［EB/OL］. 中国网，2020-03-09,https://m.china.com.cn/appshare/doc_1_248756_1549122.html

《思想政治工作研究》评论员. 人不负青山　青山定不负人［EB/OL］. 学习强国，2021-11-22,https://article.xuexi.cn/articles/index.html?art_id=5713470752634295256&t=1637314095850&showmenu=fal.

苏舟. 为构建人与自然生命共同体贡献中国力量［EB/OL］. 苏州新闻网，2021-04-25,https://share.gmw.cn/politics/2021-04/25/content_34791475.html.

张云飞. 新时代推进社会主义生态文明建设的政治宣言［EB/OL］. 中国社会科学网，2022-10，（cssn.cn）http://ex.cssn.cn/mkszy/yc/201902/t20190204_4822936.shtml.

赵建军. 为全球生态文明建设贡献中国智慧——海外网十评十八届三中全会五周年之五［EB/OL］. 海外网，2019-01-08. http://opinion.haiwainet.cn/n/2019/0108/c353596-31475328.html.

中共中央宣传部. 中宣部举行新时代自然资源事业的发展与成就新闻发布会［EB/OL］. 中新网，2022-09-20,https://www.chinanews.com.cn/shipin/spfts/20220918/4368.shtml.